JN017481

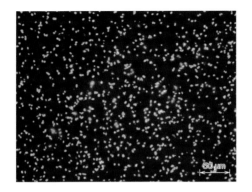

口絵 1　緑膿菌（*Pseudomonas aeruginosa*）をドープした PPy 膜の蛍光顕微鏡像

SYTO9 および PI で膜作製前に染色されている.
【出典】T. Nagaoka, *et al.*: *Anal. Sci.*, **28**, 319（2012）.
➡図 5. 10 参照

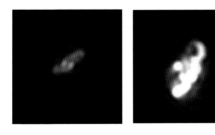

口絵 2　AuNP で標識した緑膿菌の暗視野顕微鏡像

（左）アミノ基導入 AuNP，（右）金属ナノ粒子内包ポリマー粒子が結合した細菌.
➡図 7. 13 参照

分析化学
実技シリーズ

応用分析編●2

(公社)日本分析化学会【編】

編集委員／委員長　原口紘炁／石田英之・大谷 肇・鈴木孝治・関 宏子・平田岳史・吉村悦郎・渡會 仁

矢嶋摂子・長岡 勉・椎木 弘【著】

化学センサ・バイオセンサ

共立出版

分析化学実技シリーズ
刊行のことば

　このたび「分析化学実技シリーズ」を日本分析化学会編として刊行すること
を企画した．本シリーズは，機器分析編と応用分析編によって構成される全
30巻の出版を予定している．その内容に関する編集方針は，機器分析編では
個別の機器分析法についての基礎・原理・装置・分析操作・実施例に関する体
系的な記述，そして応用分析編では幅広い分析対象ないしは分析試料について
の総合的解析手法および実験データに関する平易な解説である．機器分析法を
中心とする分析化学は現代社会において重要な役割を担っているが，一方産業
界においては分析技術者の育成と分析技術の伝承・普及活動が課題となってい
る．そこで本シリーズでは，「わかりやすい」，「役に立つ」，「おもしろい」を
編集方針として，次世代分析化学研究者・技術者の育成の一助とするととも
に，他分野の研究者・技術者にも利用され，また講義や講習会のテキストとし
ても使用できる内容の書籍として出版することを目標にした．このような編集
方針に基づく今回の出版事業の目的は，21世紀になって科学および社会にお
ける「分析化学」の役割と責任が益々大きくなりつつある現状を踏まえて，分
析化学の基礎および応用にかかわる研究者・技術者集団である日本分析化学会
として，さらなる学問の振興，分析技術の開発，分析技術の継承を推進するこ
とである．

　分析化学は物質に関する化学情報を得る基礎技術として発展してきた．すな
わち，物質とその成分の定性分析・定量分析によって得られた物質の化学情報
の蓄積として体系化された分析化学は，化学教育の基礎として重要であるため
に，分析化学実験とともに物質を取り扱う基本技術として大学低学年で最初に
教えられることが多い．しかし，最近では多種・多様な分析機器が開発され，
いわゆる「機器分析法」に基礎をおく機器分析化学ないしは計測化学が学問と

して体系化されつつある．その結果，機器分析法は理・工・農・薬・医に関連する理工系全分野の研究・技術開発の基盤技術，産業界における研究・製品・技術開発のツール，さらには製品の品質管理・安全保証の検査法として重要な役割を果たすようになっている．また，社会生活の安心・安全にかかわる環境・健康・食品などの研究，管理，検査においても，貴重な化学情報を提供する手段として大きな貢献をしている．さらには，グローバル経済の発展によって，資源，製品の商取引でも世界標準での品質保証が求められ，分析法の国際標準化が進みつつある．このように機器分析法および分析技術は科学・産業・生活・経済などあらゆる分野に浸透し，今後もその重要性は益々大きくなると考えられる．我が国では科学技術創造立国をめざす科学技術基本計画のもとに，経済の発展を支える「ものづくり」がナノテクノロジーを中心に進められている．この科学技術開発においても，その発展を支える先端的基盤技術開発が必要であるとして，現在，先端計測分析技術・機器開発事業が国家プロジェクトとして推進されている．

　本シリーズの各巻が，多くの読者を得て，日常の研究・教育・技術開発の役に立ち，さらには我が国の科学技術イノベーションにも貢献できることを願っている．

「分析化学実技シリーズ」編集委員会

まえがき

　本書は分析化学実技シリーズの応用分析編の一つとして企画されたもので，バイオセンサを含む化学センサの解説を行った．シリーズの編集方針に従い，初学者向けにわかりやすい解説を心がけ，加えて基礎から応用，実用技術に至るまで多岐に渡る内容を効率よく学習できるように努めた．

　バイオセンサを含め化学センサは急速な発展を遂げている化学技術分野の1つであり，この分野に対する解説書はこれまでにも数多く出版されている．しかし，非常に広範な技術分野であるがゆえに，基礎的事項を概説的に解説したものや，一方で先端的な内容を多くの著者が解説するモノグラフ的なものも多く，初学者が本当に知りたいことがわかりやすく解説されていなかったり，実際の研究や実務において利用しにくかったりするものも多かった．

　本書ではこのような実情に鑑み，基礎から応用，実用技術に至るまでの多岐に渡る内容を読者ができるだけ効率よく学習できるように工夫した．また，多くの読者が理解しにくいと感じる理論，技術に関しては図表を用いるなど，できるだけていねいに解説することも心がけた．たとえば，センサに利用される機能性分子は構造式に至るまで記載し，他の資料を参照しなくても本書だけで理解が完結できるようにした．本書が化学センサ・バイオセンサの実践的な理解に役立ち，読者の日々の学習，研究・開発の一助となれば幸いである．各章の構成と概要は以下に示すとおりである．

Chapter 1のセンサ序論では，バイオセンサを含む各種化学センサの発展の歴史と機能の進化について概説する．
Chapter 2の化学センサでは，おもにポテンショメトリックセンサの動作原理と機能および利用法について解説を行う．ポテンショメトリーはイオンセンサとして利用されることが多いが，この章ではセンサの動作原理，種類，測定法

に至るまでの実践的な解説を行う.

Chapter 3 からはバイオセンサに関する内容で, この章では同センサの仕組みについて概説する.

Chapter 4 ではバイオセンサで使用される種々のトランスデューサーの動作原理と特徴について解説する.

Chapter 5 では, センサの作製において必要とされるバイオレセプターの固定化技術について実例をもとに解説する.

Chapter 6 ではバイオセンサで使用される基礎技術および機能性材料について解説する. 現代的なバイオセンサでは利用される要素技術が多岐にわたっており, このことがバイオセンサの理解を困難にする一因となっている. このため, 本書ではできるだけ多くの具体例を示して解説した.

Chapter 7 では, 現在開発中のバイオセンサの特徴と用途について解説を行う.

Chapter 8 では, すでに実用化され, 市販されているバイオセンサを紹介し, 利用分野などの解説を行う.

さらに付録として, グルコースセンサの作製と実験法について解説する.

最後に, 原口紘炁編集委員長および渡會　仁先生をはじめとする編集委員会の皆様には本書執筆の機会を与えていただき厚くお礼申し上げます. また, 執筆にあたりご協力いただいた共立出版編集部の皆様に感謝申し上げます.

2021 年 1 月

著者を代表して

長 岡　勉

目 次

イラスト／いさかめぐみ

Chapter 1
センサ序論

　「センサ」と耳にした場合，どのようなものを思い浮かべるだろうか．センサ (sensor) とは，英語の "sense（検出する）" に接尾語の "-or" がついたもので，「検出するもの」というような意味になる．つまり，センサとは，分析対象として着目しているものを検出できる装置ということになる．少し身の回りに目を向ければ，非常に多くのセンサがあることがわかる．さまざまな電子機器類に，温度，光，圧力，磁気，速度などの物理量を検出できるセンサが多い．これらの物理量は，ある程度，われわれが五感で実感できるものが多い．一方，化学物質（イオンや分子）を検出できるものもある．化学物質については，存在を目で見て知ることは難しい．たいていの場合には，化学物質の有無を他の信号，たとえば，電気的な信号や色変化などで検出できるように工夫されており，信号の強度によって定量できるようになっている．本書では，後者の化学センサ・バイオセンサについて解説する．

センサの種類

　センサにはさまざまなものがある．それらを分類する場合に，2つのやり方がある．まず1つ目は，分析対象となるものに着目した分類である．化学センサを用いた検出は，溶液中のイオンや分子，空気中のガス分子，生体由来の物質である酵素，DNA，抗体など生体に関連した化合物など，さまざまなものが対象となる．それらに着目すると，それぞれイオンセンサ，ガスセンサ，バイオセンサなどという分類になる．もう1つは，分析対象のものをどういうメカニズムで検出するかによる分類である．たとえば，電気的な信号で検出するものとしては，印加する電圧を変化させたときに流れる電流を検出するボルタンメトリー，定電圧を印加したときの電流を検出するアンペロメトリー，電圧を印加して電気量を検出するクーロメトリー，電位差で検出するポテンショメトリーなどがある．これ以外には，さまざまな種類の電磁波（光）で検出するものなどもあり，場合によって，可視光，紫外光，赤外光，蛍光などが使い分けられる．

1.2

センサの歴史

　pHガラス電極（ガラス薄膜を感応膜としたもの）が最初に開発されたイオンセンサであり，Haberによって発明され，1930年代にはすでに普及してい

た．Cremer がガラス薄膜を装着した電極を用いて実験を行い，電位が水溶液の酸性度の変化に非常に感度よく変化することを発見した[1]．その後，Klemensiewicz らがガラス膜電極の水素イオンへの応答について報告している[2]．歴史が古いものであるが，ガラス膜電極を用いた pH の測定は，現在でも広く使用されている．

　ガラスとは異なる固体状態の膜電極（固体膜電極）が，1960 年代に開発された．これは，Tendeloo が硫酸バリウム（$BaSO_4$）やフッ化カルシウム（CaF_2）の薄片を用いて金属イオン濃度を測定することを報告したのが最初である[3]．Sanders らは，銀塩の溶融物を流し込んで得られたディスクを膜材料として用いた[4]．そして，その後，沈殿をそれに対して不活性なマトリックス中に埋め込んだものを膜として利用した．さらに Ross らは，フッ化ランタン（LaF_3）の単結晶からなる（不活性なマトリックスを含まない）均一なイオン交換膜を開発した[5]．

　イオン交換体（第四級アンモニウム塩，脂溶性ホウ酸塩など）を含むイオン選択性の液膜が，1964 年に報告された[6]．その後，ニュートラルキャリヤー（電気的に中性のイオン感応物質）を用いた液膜を取り付けたイオンセンサが，1960 年代半ばに Simon らによって最初に報告された[7]．これは抗生物質であるノナクチン類似体を不活性な支持体に保持して膜としたものを用いており，ナトリウムイオン（Na^+）に対するカリウムイオン（K^+）選択性は 750倍もあった．カリウムイオン選択性のガラス膜電極の選択性が 30 倍であることを考えると，非常に高い選択性であることがわかる．この研究に続いて，さまざまなニュートラルキャリヤーを用いたイオンセンサが作製されるようになる．当初は，カリウムイオン選択性のバリノマイシンなどといった天然の化合物をニュートラルキャリヤーとして利用していたが，1967 年に Pedersen が大環状ポリエーテル（クラウン化合物）を開発した後は[8,9]，クラウンエーテル誘導体を含め，数多くのニュートラルキャリヤーがその後 40 年ほどの間に次々と開発され，イオンセンサに利用されるようになった．

　生体分子を利用したセンサについては，Clark らによって，酸素電極とグルコースオキシダーゼを用いたグルコースセンサが 1962 年に提唱されたのが最初である[10]．その後，Updike と Hicks によって，固定化した酵素を用いたグ

ルコースセンサが報告された[11]．1973年に免疫センサが報告され，生体関連物質の検出に関しての興味深さから，さまざまな検出法を利用したバイオセンサが開発され続けている．

1.3 化学センサ・バイオセンサの一般的構造

　センサの構造は，測定対象物質を認識する部分（感応部）と，それを検出可能な信号に変換する部分（トランスデューサー）からなる（図1.1）．測定対象物質を認識する部分に，特定のイオンに応答可能なものを用いればイオンセンサとなり，特定の生体分子に応答可能なものを用いればバイオセンサとよばれるようになる．トランスデューサーについても，感応部で検出したものをどのような信号で取り出すかによって，さまざまなものが使用される．電気的な信号（電流，電圧など），光学的な信号（可視光，蛍光，赤外光など）などへ

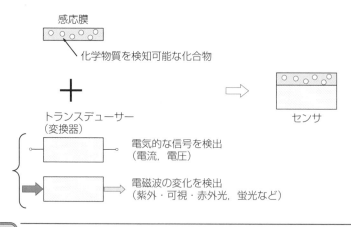

図1.1　センサの一般的な構造

の変換がよく行われる．さまざまな信号に変換された情報を処理，解析することで，目的とする物質のセンシングが行われる．

　本書では，化学（ポテンショメトリックイオン）センサ（第2章）と，バイオセンサ（第3～8章）について記述する．ポテンショメトリックイオンセンサは，身近なところで広く使用されているものである．検出技術としてはかなり成熟しており，さまざまなイオンに対して検出可能なものがすでに市販されている．最近では，センサの小型化や検出限界の改善，特定の試料に向けたセンサ材料の開発などが行われている．一方，バイオセンサについては，生体分子の特異性などにより，ターゲットを感度よく検出できることからさまざまなものが開発されており，最近では体内の細胞や非常に微小な試料中の物質を検出する試みも行われている．今後も大きく発展していくことが予想される．

文　献

1 ）M. Cremer : *Z. Biol.*, **47**, 562 （1906）.

2 ）F. Haber, Z. Klemensiewicz : *Z. Physik. Chem.*, **67**, 385 （1909）.

3 ）H. J. C. Tendeloo : *Proc. Acad. Sci. Amsterdam*, **38**, 434 （1935）.

4 ）I. M. Kolthoff, H. L. Sanders : *J. Am. Chem. Soc.*, **59**, 416 （1937）.

5 ）M. S. Frant, J. W. Ross, Jr. : *Science*, **154**, 1553 （1966）.

6 ）K. Sollner, G. M. Shean : *J. Am. Chem. Soc.*, **86**, 1901 （1964）.

7 ）Z. Stefanac, W. Simon : *Chimia*, **20**, 436 （1966）.

8 ）C. J. Pedersen : *J. Am. Chem. Soc.*, **89**, 2495 （1967）.

9 ）C. J. Pedersen : *J. Am. Chem. Soc.*, **89**, 7017 （1967）.

10）L. C. Clark Jr., C. Lyons : *Ann. NY. Acad. Sci.*, **102**, 29 （1962）.

11）S. J. Updike, G. P. Hicks : *Nature*, **214**, 986 （1967）.

Chapter 2
化学センサ

　Chapter 1 で述べたように，化学センサとは化学物質を認識できる感応部と，それを検出可能な信号に変換するトランスデューサーからなる．化学センサには非常に多くの種類の分析機器があり，すべてを取り上げることは難しい．ここでは，対象となる化学物質としてイオンに着目する．われわれの身の回りには，イオンを含む試料が数多くあり，さまざまな場面でイオン濃度を定量することが求められる．たとえば，環境分析では下水，河川，土壌など，医療分析では血液，尿など，また，工場の排水や製品の品質管理などである．イオンを検出可能なセンサ，つまりイオンセンサにも多くの種類がある．イオンは，電気的な応答を調べることで感度よく定量することが可能である．これには，着目しているイオンによって発生する電位を測定するポテンショメトリー，電気分解する際，印加する電圧を変化させることで得られる電流と電圧の関係を利用するボルタンメトリー，電位を一定に保って電流を検出するアンペロメトリーなどさまざまな手法がある．本章ではこのうち，ポテンショメトリックセンサについて扱うことにし，これに用いられるイオン選択性電極を中心に解説する．

2.1

イオン選択性電極

　イオン選択性電極（ion selective electrode：ISE）を用いた分析は，溶液中のイオン濃度を定量するのに非常に有用な方法である．この方法は，非常に単純な操作で着目しているイオン（被検体または目的イオン）を選択的に定量でき，測定にかかる時間も短い．また，イオン感応部分を変化させるだけで，さまざまなイオンの検出に利用可能な便利なものである．これらの特徴から，イオン選択性電極は，とくに医療分析や環境分析において役に立つ．今後，イオン選択性電極を用いたイオン濃度の定量を行う場面に直面することもあると考えられるので，原理や操作法についてよく理解しておくことは役に立つだろう．イオン選択性電極の特徴を以下に示す．

- ・測定で求められるのは，濃度ではなく活量である．
- ・遊離のイオンのみ測定される（錯体や沈殿となったイオンは測定されない）．
- ・特定のイオンに対して選択性の高い応答を示すが，特異的な応答ではない（特定のイオンのみに応答するわけではなく，他のイオンからの妨害を考慮する必要がある）．
- ・応答は活量の対数に対して幅広く，その範囲は4〜6桁ほどである．そのため，精度がやや低く，1%程度のばらつきがある．
- ・応答は迅速で，数分内に結果が得られることも多い．
- ・測定装置は，現場での測定や少量の試料でも測定可能なように小型化が可能である．

2.1.1

イオン選択性電極の原理[1~3]

イオン選択性電極は，イオン感応膜（イオンを検知可能な部位）を備え，内部に参照電極をもつガルバニ半電池（half-cell）であり，目的イオンを含む試料溶液に浸したときにイオン感応膜界面で発生する膜電位を求めるためには，もう1つ半電池（外部参照電極，後述）を用いる必要がある．このときの測定装置の様子を図2.1に示す．参照電極の電解溶液は，液絡（liquid junction）を通して試料溶液と接している．イオン選択性電極と参照電極を電位差計に接続すると，起電力（electromotive force：EMF）といわれる電位が測定される．起電力 E は，

$$E = E_0 + E_\mathrm{M} + E_\mathrm{J} \tag{2.1}$$

と表せる．ここで，E_0 は内部参照電極や外部参照電極で生じる電位の総和，E_M は膜電位（membrane potential），E_J は液絡電位（liquid junction potential）である．電極，温度が決まれば，E_0 は一定の値を示す．参照電極と試料溶液の間に液絡を通じて生じる電位が一定でない場合にはイオン選択性電極の応答に影響を及ぼすが，通常は試料溶液中に電解質が含まれているため，ほぼゼロとみなすことができる．

発生する膜電位（E_M）は，イオン感応膜と試料溶液との界面で発生する電位（界面電位）と膜内部で発生する拡散電位との和で表せる．イオン感応膜の

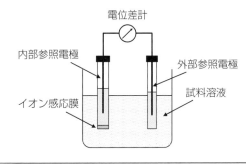

| 図 2.1 | イオンセンサの模式図 |

左側がイオン選択性電極，右側が基準となる参照電極である（2.1.3項参照）．

ガルバニ電池

　水溶液に電極が浸されているものを半電池という．半電池の水溶液を塩橋（salt bridge）でつなぎ，2つの電極を接続すると電池になる（図）．塩橋としては，移動度がほぼ等しいアニオンとカチオンからなる塩（たとえば，塩化カリウム（KCl），硝酸カリウム（KNO_3），硝酸アンモニウム（NH_4NO_3））の水溶液を寒天などで固めたものを充填した管が使用され，イオンは通すが半電池の水溶液が混ざるのを抑制する．一方の電極表面で酸化反応が起こると，電子が電極から外部回路を通ってもう一方の電極に運ばれる．そして，その電極表面で還元反応が起きる．このようにして電極反応が進行する．酸化・還元反応はどちらか一方だけ生じることはなく，セットで起きる．このようにして酸化還元反応が進み，化学反応のエネルギーを電気エネルギーに変換可能な装置のことをガルバニ電池（galvanic cell）という．なお，酸化反応が生じる電極をアノード（anode），還元反応が生じる電極をカソード（cathode）という．どちらの電極がアノードになるかカソードになるかは，それぞれの半電池の標準電極電位によって判断ができ，標準電極電位がより大きいほうがカソードになる（標準電極電位が大きい半電池で還元反応が起きる）．電池がはたらくとき，カソードの半電池では，塩橋から水溶液に少量のカチオンが移動し，水溶液から塩橋に少量のアニオンが移動する．これによって，電子がカソード電極に流れ込むことで生じる負の電荷を相殺する．一方，アノードの半電池では逆のことが起こり，塩橋から水溶液に少量のアニオンが移動し，水溶液から塩橋に少量のカチオンが移動する．塩橋内は塩濃度が高いため，電流が流れる．

　電池を表す場合，図に示したような電池の図を書くのは大変である．そのた

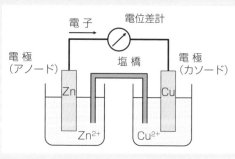

図　ガルバニ電池の例：ダニエル電池

め，たとえば，ダニエル（Daniell）電池の場合は，簡単に次のように表す．

Zn｜Zn²⁺‖Cu²⁺｜Cu

縦の一重線は電極と溶液または溶液どうしの境界を表し，単に接触している場合にはこのように表す．一方，縦の二重線は塩橋を表す．また，慣例によって，アノードを左側に書く．つまり，これを見た場合，図に示した電池の図を思い浮かべることが可能となる．

界面では，試料溶液と膜界面および内部溶液と膜界面で電位が発生するが，内部溶液中のイオン活量は変化しないため，後者の電位は一定である．また，平衡状態では，界面を横切る電流が見掛け上ゼロ（完全にゼロだと電位が測定できないので，きわめて微小な電流が流れる）であるため，拡散電位は無視できることから，膜電位 E_M はイオン感応膜と試料溶液側の界面電位の変化として表すことができ，

$$E_M = E_{const} + \frac{RT}{z_i F} \ln a_i \tag{2.2}$$

というネルンスト（Nernst）式が成立する．ここで，a_i は試料溶液中の目的イオン i の活量，z_i は目的イオンの価数，R は気体定数（8.314 J mol⁻¹ K⁻¹），T は絶対温度，F はファラデー（Faraday）定数（9.648×10⁴ C mol⁻¹）である．この式において，自然対数（底が e）から常用対数（底が 10）に変換すると，

$$E_M = E_{const} + \frac{2.303RT}{z_i F} \log a_i \tag{2.3}$$

となる．この関係から，E_M の測定により a_i を求めることができる．この式において，気体定数，ファラデー定数の値を代入すると，25℃ では，傾きが（$0.05916/z_i$）となる．これは，目的イオンが 1 価のカチオンの場合，目的イオンの活量の常用対数に対して膜電位をプロットすると，傾きが 0.05916 V の直線になることを意味する．つまり，目的イオンの活量が 10 倍変化する（活量の常用対数が 1 変化する）と，膜電位が 59.16 mV 変化することを表しており，この傾きを 59.16 mV decade⁻¹ と表す．目的イオンが 2 価のカチオンならば，傾きは 29.58 mV decade⁻¹，3 価のカチオンならば，19.72 mV decade⁻¹ とな

11

る．アニオンの場合には z_i が負なので，負の傾きになる．

活量 a_i は，活量係数を γ_i とすると，イオン濃度 c_i と

$$a_i = \gamma_i c_i \tag{2.4}$$

の関係にあるので，γ_i が既知であるか一定であれば c_i を求めることができる．活量係数は，溶液中の全イオン濃度に影響を受ける．その尺度となるのがイオン強度（μ）である．イオン強度は，以下のように表せる．

$$\mu = \frac{1}{2}\sum c_i z_i^2 \tag{2.5}$$

これからわかるように，とくに，イオンの価数が大きいとイオン強度への寄与が大きい．

25℃ の水溶液中のイオン種 i の活量係数は，以下に示す拡張デバイ-ヒュッケル（Debye-Hückel）の式で表せる．

$$\log \gamma_i = -\frac{0.51 z_i^2 \sqrt{\mu}}{1 + 3.3a\sqrt{\mu}} \tag{2.6}$$

ここで，a はイオンのサイズパラメーターで，経験的な値である（表 2.1）．この式は，イオン強度が 0.2 程度まで適用できる．さらにイオン強度が大きい場合には，経験式を用いるとよい．さまざまな経験式があるが，デービス（Davies）の変形式がよく使用され，イオン強度が 0.5 程度まで適用できる．

$$\log \gamma_i = -0.51 z_i^2 \left(\frac{\sqrt{\mu}}{1 + \sqrt{\mu}} - 0.3\mu \right) \tag{2.7}$$

水溶液のイオン濃度が希薄な（イオン強度が小さい）ほど，活量係数は 1 に近づく，つまり，活量と濃度が等しくなる．一方，イオン濃度が高い（イオン強度が大きい）と，活量係数は 1 よりも小さな値となる．（イオン強度がさらに高くなると活量係数が増大し，1 よりも大きくなる．これは，電解質が多くなることで溶媒である水の活量が減少してしまうことが原因であるが，通常，これほど高濃度の溶液を扱うことが少ないため，本書ではこれ以上触れないことにする．）

イオン選択性電極は，$10^{-6} \sim 10^{-1}\,\mathrm{mol\,L^{-1}}$ の幅広い濃度範囲での測定が可能である．これほど濃度に違いがあると，各濃度における活量係数の値が異なる

表2.1	さまざまなイオンのサイズパラメーター (α)	

z (イオン価数)	α/nm	イオン
1	0.25	Rb^+, Cs^+, NH_4^+, Tl^+, Ag^+
	0.30	K^+, Cl^-, Br^-, I^-, CN^-, NO_2^-, NO_3^-
	0.35	OH^-, F^-, SCN^-, HS^-, ClO_3^-, ClO_4^-, BrO_3^-, MnO_4^-, $HOOCCOO^-$, $H_2citrate^-$
	0.40~0.45	Na^+, $(CH_3)_4N^+$, IO_3^-, HCO_3^-, $H_2PO_4^-$, HSO_3^-, $H_2AsO_4^-$, CH_3COO^-
	0.60	Li^+, $PhCOO^-$, $(C_2H_5)_4N^+$
	0.90	H^+
2	0.40	Hg_2^{2+}, SO_4^{2-}, $S_2O_3^{2-}$, $S_2O_6^{2-}$, $S_2O_8^{2-}$, SeO_4^{2-}, CrO_4^{2-}, HPO_4^{2-}
	0.45	Pb^{2+}, CO_3^{2-}, SO_3^{2-}, MoO_4^{2-}, $(COO)_2^{2-}$, $Hcitrate^{2-}$
	0.50	Sr^{2+}, Ba^{2+}, Ra^{2+}, Cd^{2+}, Hg^{2+}, S^{2-}, $S_2O_4^{2-}$, WO_4^{2-}
	0.60	Ca^{2+}, Cu^{2+}, Zn^{2+}, Sn^{2+}, Mn^{2+}, Fe^{2+}, Ni^{2+}, Co^{2+}
	0.80	Mg^{2+}, Be^{2+}
3	0.40	PO_4^{3-}, $[Fe(CN)_6]^{3-}$, $[Cr(NH_3)_6]^{3+}$, $[Co(NH_3)_6]^{3+}$
	0.50	$citrate^{3-}$
	0.60	$[Co(en)_3]^{3+}$
	0.90	Al^{3+}, Fe^{3+}, Cr^{3+}, Sc^{3+}, Y^{3+}, La^{3+}, In^{3+}, Ce^{3+}, Pr^{3+}, Nd^{3+}, Sm^{3+}
4	0.50	$[Fe(CN)_6]^{4-}$
	1.10	Th^{4+}, Zr^{4+}, Ce^{4+}, Sn^{4+}

$citrate^{3-}$：クエン酸イオン, $C_6H_5O_7$, en：エチレンジアミン, $H_2NCH_2CH_2NH_2$.

ため，それぞれの濃度を活量に換算するのは少々面倒である．そのため，イオン選択性電極を用いた測定では，水溶液中に応答に無関係な塩（イオン強度調整剤）を一定濃度添加しておき，イオン強度を一定に保つことがしばしば行われる．

2.1.2
分 析 法
(1) 検 量 線
試料溶液中に含まれる濃度が未知のある特定のイオン（目的イオン）を定量

する場合，あらかじめ，濃度がわかっている目的イオン水溶液に対して分析装置がどのような応答をするのかという関係を調べておく．この関係を表したグラフを検量線という．その後，未知濃度の目的イオンを含む試料溶液の応答を調べ，検量線をもとにその濃度を求める．通常，検量線は直線的である場合も非直線的である場合もあるが，前者のほうが定量が容易である．

　イオンセンサ（イオン選択性電極と参照電極の組合せ，図2.1参照）により目的イオンの濃度を求める場合は，目的イオンの活量の対数に対して，イオンセンサが示した電位差（起電力）をプロットしたものを検量線として用いる（図2.2）．目的イオンが低濃度では，活量を変化させても応答を示さない（電位に変化がない）が，濃度の増加に伴い，次第に電位が変化するようになる．高濃度になると式(2.3)に従った応答を示し，着目しているイオンの活量変化の対数に対して直線的な応答を示す．式(2.3)に従う応答のことを「ネルンスト応答」といい，この応答を示すことを，「ネルンスト応答する」という．上述したとおり，試料溶液のイオン強度が一定に保たれている場合，活量係数が一定の値となる．そのため，検量線の横軸を活量ではなく濃度の常用対数でプロットしても傾きは変化せず（検量線は活量の常用対数でプロットしていた場合よりも $\log \gamma_i$ の分だけ低濃度側にずれる），検量線の作成が容易になる．

(2) 検出限界

　図2.2に示したように目的イオンの活量を変化させた場合の電位をプロットして検量線を作成すると，一般には，低濃度ではほとんど応答しないか傾きが小さく，高濃度になるに従って直線的に応答する．さらに，高濃度になると，ふたたび傾きが小さくなってくる．直線的に応答している部分を用いると定量が可能である．定量可能な範囲の最も濃度が低いところを下限の検出限界（検出下限ともいう），最も濃度が高いところを上限の検出限界という．すでに述べたように，イオンセンサの検量線の範囲は非常に幅広く，上限の検出限界を超える濃度の試料を測定することはあまりないため，センサの性能としての検出限界については下限のみに着目することが多い．実験的に検出限界を求める場合には，低濃度あるいは高濃度領域でほとんど応答しなくなった部分の漸近線と，中央部分の直線的な応答部分のそれぞれの直線の交点を求め，その活量

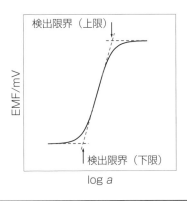

検出限界（上限）

EMF/mV

検出限界（下限）

log *a*

図 2.2 イオンセンサの検量線と検出限界

の値を読み取る（図 2.2）．

（3）応答時間

　イオンセンサの性能を評価する場合，目的イオンに対して迅速に応答するかどうかは重要な項目の 1 つである．その判断のためには，応答時間を調べる必要がある．応答時間とは，イオン活量を変化させたときに電位が安定するまでの時間である．イオン活量を変化させると，図 2.3 に示したとおり，通常は時

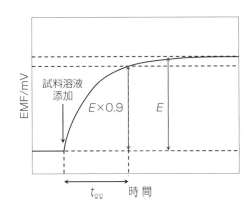

EMF/mV

試料溶液
添加

$E \times 0.9$　　E

t_{90}　　時 間

図 2.3 ある濃度の溶液に少量の高濃度の試料溶液を添加した場合のイオンセンサの応答の時間変化

間に対して電位が少しずつ変化する．そのため，電位が完全に安定した時間を正確に読み取るのが難しい．そこで，電位が安定したときの電位変化を100%とした場合，その90または95%の値に電位が変化するのに要する時間（t_{90}またはt_{95}）を応答時間として用いるのが一般的である．

(4) イオン選択性の評価（選択係数）[4]

イオンセンサの応答は単に電位として得られるため，それだけを見てもどのイオンによる応答なのかはわからない．試料溶液中に目的イオンのみしか含まれていない場合には問題がないが，実試料中には，目的イオン以外に他のイオンが含まれている場合がほとんどである．ほとんどのイオンセンサは，目的イオンだけでなく，他のイオンに対しても何らかの応答をし，目的イオンの応答を妨害する（目的イオンに対して特異的な応答を示すわけではない）．この場合，イオン選択性電極が他のイオンから受ける妨害の程度は，次に示すNicolsky-Eisenman の式で，選択係数 k_{ij}^{pot} として評価される．

$$E_M = E_{const} + \frac{RT}{z_i F} \ln \left(a_i + k_{ij}^{pot} a_j^{z_i/z_j}\right) \tag{2.8}$$

ここで，a_i および a_j は目的イオン i および妨害イオン j の活量，z_i および z_j は目的イオン i および妨害イオン j の価数，k_{ij}^{pot} は目的イオン i の妨害イオン j に対する選択性を示しており，この値が小さいほど妨害の程度が小さく，大きければ妨害が大きいことを意味している．自然対数を常用対数に変換すると，式(2.8) は，以下のように書くことができる．

$$E_M = E_{const} + \frac{2.303RT}{z_i F} \log \left(a_i + k_{ij}^{pot} a_j^{z_i/z_j}\right) \tag{2.9}$$

この式を見てわかるとおり，たとえば，$k_{ij}^{pot}=1$ のときは，目的イオンと妨害イオンの電位への寄与が等しくなり，目的イオンに対して選択性が高いとは言い難い．一方，たとえば $k_{ij}^{pot}=0.01$ の場合，妨害イオンの活量が目的イオンの活量の100倍高いときに，ようやく同じ程度の寄与になる．また，たとえば $k_{ij}^{pot}>1$ の場合，目的イオンよりも妨害イオンに対してより選択的に応答することを示している．式(2.9) をもとにした選択係数の評価法として，単独溶液法（分離溶液法ともいう，separate solution method：SSM）および混合溶液

法がある.

(a) **単独溶液法**：　単独溶液法では，目的イオン i および妨害イオン j の活量
に対する電位をそれぞれ独立に求め，検量線を作成する．理想的には同じ傾き
の直線が得られるはずであり，目的イオンの検量線がより高電位側になる．目
的イオンの活量 a_i における電位を E_i，妨害イオンの活量 a_j における電位を E_j
とし，a_i と a_j が等しい場合，選択係数 $k_{i,j}^{pot}$ は，以下の式で求めることができる
（図 2.4(a)）．

$$\log k_{i,j}^{pot} = \frac{E_j - E_i}{2.303\,(RT/z_i F)} + \left(1 - \frac{z_i}{z_j}\right)\log a_i \tag{2.10}$$

目的イオンに対するイオン選択性が高いほど，電位差が大きくなる．実際に
は，妨害イオンの傾きが理想的な応答（ネルンスト応答）を示さず，より小さ
い傾きで応答することが多い．その場合，電位差がより大きくなり，イオン選
択性をより高めに評価してしまうことになる（図 2.4(b)）．単独溶液法は，目
的イオン，妨害イオンともネルンスト応答を示す場合でなければ，イオン選択
性を正しく評価できないことに気をつけたほうがよい．

(b) **混合溶液法（固定干渉法）**：　実際の試料溶液では，さまざまなイオンが

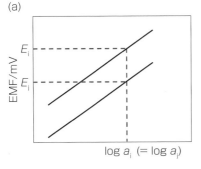 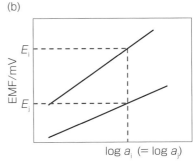

図 2.4　イオン選択性電極の選択係数の求め方：単独溶液法

（a）目的イオンと妨害イオンがネルンスト応答する場合，
（b）目的イオンはネルンスト応答するが，妨害イオンがネルンスト応答しない場合.

存在している状況で目的イオンの活量を求めることになる。単独溶液法で求めた選択係数では，実際の試料溶液とは異なる状況で選択性を評価しているため，実際の状況を反映できていないと考えられる。そこで，妨害イオン存在下で目的イオンの選択性を評価する方法が考えられた。一般には，固定干渉法（fixed interference method）が利用される。これは，一定活量の妨害イオンを含む溶液中で，目的イオンの活量を変化させながら電位応答を測定する。このときの目的イオン活量に対する電位の変化の典型的な例を図2.5に示す。目的イオン活量が高い場合には妨害イオンの影響はなく，ネルンスト応答を示す。目的イオン活量が減少していくにつれ，次第に妨害イオンの影響を受けるようになり，目的イオンと妨害イオンの両方に応答するようになる。さらに目的イオン活量が非常に低い場合には，完全に妨害を受けた状態となり，妨害イオンにのみ応答する，つまり一定の電位を示すようになる。このグラフをもとに選択係数を求めることになるが，2つの方法がある。

まず1つ目は，検量線の直線部分を外挿，つまり，ネルンスト応答の部分と一定の電位を示す部分の漸近線を描く。この直線の交点は，妨害イオンによる電位と等しい電位を示す目的イオンの活量となる。目的イオンに対する電位

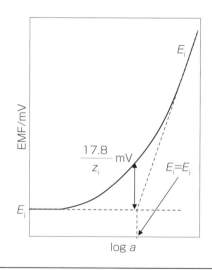

E_i は，式(2.9) において，妨害イオンの活量 a_j をゼロとすることにより得られるが，これは式(2.3) と等しい．

一方，妨害イオンに対する電位 E_j は，式(2.9) において，目的イオン活量 a_i をゼロとすることにより得られる．

$$E_j = E_{const} + \frac{2.303RT}{z_iF} \log k_{i,j}^{pot} a_j^{z_i/z_j} \tag{2.11}$$

交点では $E_i = E_j$ なので，以下の式より選択係数を求めることができる．

$$k_{i,j}^{pot} = \frac{a_i}{a_j^{z_i/z_j}} \tag{2.12}$$

この方法は，理想的な検量線が得られた場合には有効であるが，場合によっては，とくに高濃度側での応答の傾きがネルンスト応答を示さない（ネルンスト応答よりも傾きが小さい）場合がある．これは，目的イオンが高濃度になっても，妨害の影響が完全になくならないことがあるからである．その場合には，以下の2つ目の方法を用いるとよい．高濃度側と低濃度側の漸近線の交点において，式(2.9) の関係が成り立っており，この活量における電位は以下のようになる．

$$\begin{aligned}
E_M &= E_{const} + \frac{2.303RT}{z_iF} \log (a_i + k_{i,j}^{pot} a_j^{z_i/z_j}) \\
&= E_{const} + \frac{2.303RT}{z_iF} \log (a_i + a_i) \\
&= E_{const} + \frac{2.303RT}{z_iF} \log 2a_i
\end{aligned} \tag{2.13}$$

この電位 E_M と，この活量における漸近線の電位の値 E_i（$=E_j$）との差を計算する．式(2.3) と式(2.13) を用いて，

$$\begin{aligned}
E_M - E_i &= E_{const} + \frac{2.303RT}{z_iF} \log 2a_i - \left(E_{const} + \frac{2.303RT}{z_iF} \log a_i \right) \\
&= \frac{2.303RT}{z_iF} \log 2
\end{aligned}$$

となり，測定温度と目的イオンの価数が決まれば一定の値となる．つまり，このときの目的イオンの活量 a_i は，妨害イオンの活量 a_j（一定値）が与える電

位から，上記の値だけ離れた電位を示すところの値を読み取れば求めることができる．たとえば，25℃においては，

$$E_M - E_i = \frac{17.8}{z_i} \, mV \tag{2.14}$$

となる（図2.5）．

　この方法において，目的イオンと妨害イオンの価数が異なる場合，算出される選択係数の値が正しく評価できない場合がある．たとえば，目的イオンが3価のイオン，妨害イオンが1価のイオンの場合，得られる選択係数の値は，実際の妨害の度合いより大きくなることがある（ネルンスト応答の傾きが，それぞれ19.72 mV decade^{-1}，59.16 mV decade^{-1}と異なることが原因である）．また，Nicolsky-Eisenman の式は，目的イオン，妨害イオンともにネルンスト応答を示すことが想定されているが，実際には，目的イオンがネルンスト応答を示しても，妨害イオンがネルンスト応答を示さない場合もあるし，場合によっては目的イオンにおいてすらネルンスト応答を示さないこともある．そのため，選択係数の評価法が議論されてきており，Nicolsky-Eisenman の式に依存しない選択係数の評価法が検討されるようになった．

(c) マッチドポテンシャル法：　混合溶液法（固定干渉法）のところで述べたとおり実際の電極は，ネルンスト応答を示さない場合や，目的イオンと妨害イオンの価数が異なる場合がある．このような場合には，以下に示すマッチドポテンシャル法（matched potential method）が提案されている．これは，固定干渉法の経験的な変法である．

　この手法による選択係数の具体的な求め方は以下のとおりである．既知の活量（a_A）で既知量の目的イオン溶液の電位を E_{i1} とする．これに，既知量の目的イオンを添加して活量が変化（a_A'）した場合の電位を E_{i2} とする（$\Delta a_A = a_A' - a_A$）．一方，既知の活量（a_A）で上記と同量の目的イオン溶液に，電位が E_{i2} を示すまで妨害イオンを添加する．このときの妨害イオンの活量を a_B とする（図2.6）．この場合，選択係数は，以下の式で求められる．

$$k_{A,B}^{pot} = \frac{\Delta a_A}{a_B} \tag{2.15}$$

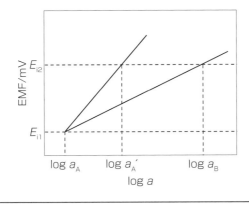

図2.6	イオン選択性電極の選択係数の求め方：マッチドポテンシャル法

実際の実験では，添加する目的イオンと妨害イオンの体積はできるだけ等しくなるように，添加する妨害イオンの活量を調製したほうがよい．これは，たとえば，添加する妨害イオンの体積が添加した目的イオンの体積より極端に多い場合，体積の増加によって基準となる目的イオン溶液が希釈されてしまい，電位が変化してしまうからである．

　ここで示した経験的な方法により，実試料での測定条件でイオンの相対的な応答を知ることができる．目的イオン，妨害イオンがネルンスト応答を示さない場合，価数が等しかったとしても，この手法を用いるとよい．すでに記したとおり，この手法ではイオンの価数は考慮しない．

2.1.3
装　　　置[2,3,5,6)]
　イオンセンサによる測定の概略図を図2.1に示した．イオン濃度の測定には，イオンを検出するイオン選択性電極と，イオン選択性電極に取り付けられたイオン感応膜表面で発生した膜電位を測定する際に基準となる参照電極を電位差計に接続したものが用いられる．これらについて詳細を以下に示す．

（1）電位差計
　一般に，2つの電極間の電位差（電圧）を測定するためには電位差計（po-

tentiometer）が使われる．市販の pH メーターを用いることが多いが，コネクター部分にさまざまなタイプがあり，一致していないものは使えないので注意する必要がある．おのおのの電極では酸化還元反応が起きており，それぞれの電極での反応は半反応といわれる．電極を電位差計に接続すると，電極間の電位差を測定できる．電位差計には高入力インピーダンス型オペアンプが使われているので電気抵抗が大きく，わずかな電流しか流れない．電位差計にまったく電流が流れないのが理想で，このとき測定される電位差を開路電位（open-circuit potential）という．

（2）参照電極

　参照電極（reference electrode，比較電極，基準電極ともいう）は，イオン選択性電極の感応膜に発生した電位を測定するために，イオン選択性電極と一緒に用いられるものである．電極を電位差計に接続してわかるのは電位“差”であり，それぞれの電極の電位を知ることは難しい．電位を知るためには，基準となる電位が必要となる．ネルンスト式で算出される電位は，標準水素電極（standard hydrogen electrode：SHE）に対する値であるが，取扱いのしやすさなどから通常は SHE を使用せず，他の電極が使用される．

　参照電極は，電位があらかじめわかっているガルバニ半電池である．基準となるべきものであるので，外部溶液の pH や含まれるイオン種の活量とは関係なく，一定の電位を示す必要がある．参照電極には，外部溶液と接続するための液絡があり，ここを通して参照電極内部の溶液と外部溶液が接触することで，電気的に接続されるようになる．参照電極の内部溶液は，ガルバニ半電池が安定した電位を示すように，通常は活量が高い溶液を使用する．そのため，液絡を通じて外部溶液と接触して内部溶液が漏れ出した場合は，それがごく少量であったとしても外部溶液への影響が大きい．また，逆に外部溶液からの参照電極への汚染の可能性もある．そこで，よく使われるのはダブルジャンクション型の参照電極である．これは，ガルバニ半電池の外側に，部屋（区画）を設け，外部溶液と参照電極の内部溶液が直接接触しないように工夫されている（図 2.7）．液絡部分の形状はさまざまである．たとえば，多孔質のガラスが埋め込んである場合や，内部の管と外部の管の間が摺り合わせになってお

 標準水素電極

標準水素電極（standard hydrogen electrode：SHE）の構造を図に示す．ここでは，標準圧力の水素ガスと電極が接触し，活量が1の水素イオンを含む水溶液に白金黒付き白金電極（白金電極表面に白金を電着させて表面積を大きくしたもの．黒く見える）が浸漬している．この電極上で酸化還元反応が起きる．この場合の化学反応式は，

$$H^+ + e^- \rightleftharpoons \frac{1}{2}H_2$$

であり，このときの電極電位を E_H とすると，

$$E_H = E_H^0 + \frac{RT}{F}\ln\frac{a_{H_2}{}^{1/2}}{a_{H^+}}$$

と書ける．標準電極電位 E_H^0 を0Vと定義して，これをもとにほかの酸化還元電位が決められるため，すべての電極の基準となる．しかし，この電極の構造を見てわかるとおり，水素ガスを使用するため，取扱いがしづらい．このような理由から，一般には，使用される参照電極は銀–塩化銀電極や飽和カロメル電極である．

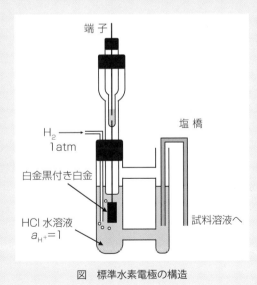

図　標準水素電極の構造

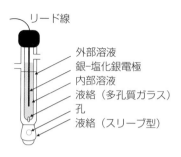

リード線

外部溶液
銀–塩化銀電極
内部溶液
液絡（多孔質ガラス）
孔
液絡（スリーブ型）

図 2.7 ダブルジャンクション型の銀–塩化銀参照電極の例

り，内部の管に孔を開けてスリーブ型ピンホールが開いている場合などである．いずれにしても，参照電極と外部溶液の間が電気的に通じるように工夫されている．現在，よく使用されているのは，銀–塩化銀参照電極と飽和カロメル電極である．これらについて以下に示す．

(a) 銀–塩化銀電極： 銀–塩化銀（Ag|AgCl）電極の半電池反応を以下に示す．

$$AgCl(s) + e^- \ \rightleftharpoons \ Ag(s) + Cl^-$$

参照電極の内部溶液には，通常，飽和塩化カリウム（KCl）が使用される．内部溶液の塩化物イオン（Cl^-）の活量によって電極電位は変化する．たとえば Cl^- の活量が 1 の場合は，25℃ で +0.222 V であるが，飽和 KCl の場合には +0.197 V となる．ダブルジャンクション型の電極の場合，外筒に入れる溶液は多少漏れ出して外部溶液中の活量が変化したとしても，イオン選択性電極の応答に影響がないような塩を用いる．たとえば，カリウムイオン選択性電極によりカリウムイオンを定量する場合，ほとんど応答しないリチウムの塩を選び，$1 \ mol \ L^{-1}$ 酢酸リチウム（CH_3COOLi）を用いる．参照電極の内筒と外筒の間は多孔質ガラスが使用されることが多い．多孔質ガラスが何らかの原因で詰まった場合には，正しい電位が測定できていないので注意を要する．

(b) 飽和カロメル電極： カロメルとは，塩化水銀(I)（Hg_2Cl_2）のことであ

る．カロメル電極の半電池反応を以下に示す．

$$\frac{1}{2}\mathrm{Hg_2Cl_2(s)} + \mathrm{e^-} \rightleftharpoons \mathrm{Hg(l)} + \mathrm{Cl^-}$$

この電極の標準電位（$\mathrm{Cl^-}$ の活量が1の場合）は $+0.268$ V である．溶液が飽和 KCl の場合には，25℃ で $+0.241$ V である．飽和 KCl を用いた場合のカロメル電極を，飽和カロメル電極（saturated calomel electrode：SCE）とよぶ．反応式を見てわかるとおり，この電極には水銀が使用されている．近年，環境汚染についての意識が高まっており，取扱いなどに気をつける必要があるため，とくに問題がなければ銀–塩化銀電極を使用することが多い．

(3) イオン選択性電極

　イオン選択性電極（ion selective electrode）は，イオンセンサにおいて最も重要な部分である．一般的な構造としては，参照電極とほとんど類似しているが，電極の先端にイオン感応膜が取り付けてあるところが異なっており，その感応膜表面で目的イオンを含む試料溶液と接触できるようになっている．イオン選択性電極内部の参照電極には銀–塩化銀電極を用いることが多い．内部溶液には，目的イオンを含む水溶液（たとえば，$\mathrm{K^+}$ を測定する場合は KCl 水溶液）を使用するが，安定な電位応答を得るために，AgCl であらかじめ飽和しておくとよい．安定な電位応答のためには，内部溶液の濃度が希薄すぎてもよくないが，逆に濃度が高すぎるとイオン感応膜を通じて試料溶液を汚染してしまうことがあるため，試料溶液中の目的イオン濃度が低い場合には注意する必要がある．イオン選択性電極は，イオン感応膜の種類によって分類される．おもなものとして，ガラス膜，固体膜，液膜が使われている．これらについて以下に記述する．また，現在市販されている代表的なイオン選択性電極の種類と測定可能な濃度範囲を表2.2に示す．ここに示したものはあくまでも一例であり，これ以外にも市販されているものがある．

(a) ガラス膜電極：
　イオン感応膜としてガラス膜を用いたものは水素イオン（$\mathrm{H^+}$）に対して応答する．ガラス膜電極が，最初に開発されたイオン選択性電極であり，現在でも，$\mathrm{H^+}$ の測定に使用される最も重要なものの1つであ

表2.2 市販されているイオン選択性電極の例：イオンの種類と測定可能な濃度範囲

イオンの種類	測定範囲/mol L^{-1}
リチウムイオン (L)	$1\times10^{-6}\sim1$ (M)
ナトリウムイオン(G)	$1\times10^{-4}\sim10$ (H), $1\times10^{-7}\sim1$ (M), $1\times10^{-4}\sim1$ (T)
カリウムイオン (L)	$1\times10^{-6}\sim1$ (H), $1\times10^{-6}\sim1$ (M), $1\times10^{-6}\sim0.1$ (T)
カルシウムイオン(L)	$1\times10^{-5}\sim1$ (H), $5\times10^{-7}\sim1$ (M), $1\times10^{-5}\sim1$ (T)
バリウムイオン (L)	$4\times10^{-7}\sim1$ (M)
銅(II) イオン (S)	$1\times10^{-6}\sim1$ (H), $1\times10^{-5}\sim1$ (M), $1\times10^{-6}\sim0.1$ (T)
銀(I) イオン (S)	$1\times10^{-7}\sim1$ (H), $1\times10^{-7}\sim1$ (M), $1\times10^{-6}\sim1$ (T)
カドミウム(II) イオン (S：H, T：L：M)	$1\times10^{-6}\sim0.1$ (H), $1\times10^{-6}\sim1$ (M), $1\times10^{-7}\sim0.01$ (T)
鉛(II) イオン (S)	$1\times10^{-5}\sim0.1$ (H), $3\times10^{-6}\sim1$ (M)
フッ化物イオン (S)	$1\times10^{-6}\sim1$ (H), $5\times10^{-7}\sim1$ (M), $1\times10^{-6}\sim1$ (T)
塩化物イオン (S)	$1\times10^{-5}\sim1$ (H), $5\times10^{-5}\sim1$ (M), $3\times10^{-5}\sim1$ (T)
臭化物イオン (S)	$1\times10^{-5}\sim1$ (H), $1\times10^{-6}\sim1$ (M), $1\times10^{-5}\sim1$ (T)
ヨウ化物イオン (S)	$1\times10^{-7}\sim0.1$ (H), $5\times10^{-8}\sim1$ (M), $1\times10^{-7}\sim1$ (T)
硝酸イオン (L)	$1\times10^{-5}\sim1$ (H), $7\times10^{-6}\sim1$ (M), $1\times10^{-5}\sim1$ (T)
シアン化物イオン(S)	$1\times10^{-6}\sim0.1$(H), $2\times10^{-6}\sim1$(M), $1\times10^{-7}\sim1\times10^{-4}$(T)
硫化物イオン (S)	$1\times10^{-5}\sim1$ (H), $1\times10^{-7}\sim1$ (M), $1\times10^{-5}\sim1$ (T)
チオシアン酸イオン (S)	$1\times10^{-5}\sim0.1$ (H), $2\times10^{-6}\sim1$ (M)
テトラフルオロホウ酸イオン (L)	$3\times10^{-7}\sim1$ (M)

イオン感応膜の種類―G：ガラス膜, S：固体膜, L：液膜.
H：(株)堀場製作所, M：メトラー・トレド(株), T：東亜ディーケーケー(株).

る.

　ガラス膜電極の最大の利点は，測定可能な活量範囲が広いことである．つまり，pH が 0〜14 の広い範囲にわたって測定することが可能である．また，応答が速く，短時間で結果を得ることができるうえ，化学的に比較的安定なのでさまざまな試料を測定することができる．測定方法も簡単で初心者でも問題なく測定ができる．一方，欠点はガラス膜の物理的な脆さである．薄い膜である

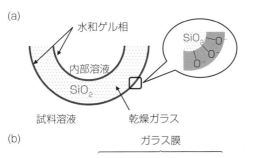

図2.8 ガラス膜電極

（a）ガラス膜の模式図，（b）電池式.

ため，強くぶつけたりすると破損する（最近では，膜が厚くなっているので比較的丈夫になっている）.

　H^+に応答する部分は電極先端のガラス薄膜（膜厚：0.01〜1 mm）である. その構造を図2.8(a) に示す. ガラス膜は，二酸化ケイ素（SiO_2）が主成分であるが，酸化ナトリウム（Na_2O）や酸化リチウム（Li_2O）が添加されており，負に帯電したケイ酸基（図2.8(a) の吹き出し）に陽イオンが結合したような構造になっている（これによってガラス膜に導電性を付与できる）. このガラス膜を水に浸すと，薄い水和ゲル相が形成される. この場合，ガラス膜電極の内部溶液とガラス膜の間，外部溶液とガラス膜の間に，それぞれ水和ゲル相が形成される. このガラス膜表面で，内部溶液や外部溶液中に含まれるH^+がガラス膜中の金属イオンと交換され，水和ゲル相に分配される. 膜電位は，このイオン交換によって，H^+の活量に対して発生する. ガラス膜の組成を変化させると，pHガラス電極よりもH^+への親和性が低く，さまざまな1価のカチオンへの親和性を増加させることができる. 組成によってどのイオンに選択性を示すのかが変化し，この場合には，これらのカチオンに対して膜電位が発生することになる.

　電位は，外部溶液と水和ゲル相の間，水和ゲル相と乾燥ガラスの間，乾燥ガラスと水和ゲル相の間，水和ゲル相と内部溶液との間に発生するが，そのすべ

て合わせたものが膜電位として測定されることになる（図2.8(b)）．ガラス膜に発生した膜電位は，外部溶液（試料）中に参照電極を設置し，ガラス膜電極中の内部参照電極との間の電位差を測定することで求められる．ガラス膜の電気抵抗が非常に大きく（$\sim 10^9\,\Omega$），内部抵抗の高い電池と考えることができるため，入力抵抗が非常に大きな電位差計（$10^{11}\,\Omega$）を用いる必要がある（前述）．この方法でガラス膜に発生した電位差を測定するが，pHが既知の溶液を用いた場合に発生する電位差をあらかじめ測定し，pHと膜電位との間の関係を求めておけば（検量線），それを用いて電位差をpHに換算することができる（後述）．

　ガラス膜電極を用いた測定では，極端にpHが高い場合や低い場合には誤差を生じるので注意する必要がある．pHが非常に高い場合，ガラス膜の水和ゲル相がH^+以外の陽イオン（M^+）にも応答するようになるため，誤差が生じる．この誤差のことをアルカリ誤差という．pHが高い場合には，H^+の活量も非常に低く，また，試料中のM^+の活量が高いため，ガラス膜中のH^+と置き換わってしまうことなどが原因である．そのため，通常のガラス膜電極を用いる場合，pHが10以上の溶液の測定には誤差を含む可能性があることに注意する必要がある．メーカーによっては，アルカリ誤差を小さくするために，pHが高い溶液の測定用に組成を工夫したガラス膜を備えたガラス膜電極が販売されている．一方，pHが非常に低い場合，水和ゲル中のH^+の活量が大きく，また試料中のH^+の活量係数が小さくなるので，誤差が生じるようになる．これを酸誤差という．

　ネルンスト式（式(2.2)）を見るとわかるとおり，膜電位は温度によって変化する．メーカーによっては温度補償電極が市販されており，温度による膜電位の変化を補償してくれる．なお，試料によっては温度によってpHが変化するものがある．そのような場合には測定温度を記録しておき，必要に応じて温度を換算したpHを求める必要がある．（温度補償電極は，あくまでも温度による膜電位変化を補償してくれるだけなので，試料によってpHの温度依存性がある場合の補償をしてくれるわけではない．）

　すでに述べたとおり，溶液のpHを測定するためにはガラス膜電極と外部参照電極が必要であるため，測定するには少々不便である．一般には，複合電極

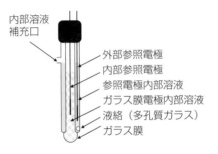

内部溶液
補充口

外部参照電極
内部参照電極
参照電極内部溶液
ガラス膜電極内部溶液
液絡（多孔質ガラス）
ガラス膜

| 図2.9 | 複合ガラス電極の例 |

というものが市販されている．これは，ガラス膜電極と参照電極を合わせて一体化したものである（図2.9）．温度補償用の温度センサが一体化されているものもある．1本の電極で pH の測定が手軽にでき，取扱いも容易であるため，一般には複合電極が使用されることが多い．

(b) 固体膜電極： 固体膜電極は，単結晶やさまざまな結晶性の化合物（難溶性無機塩）を利用したものであり，疎水性の高分子中に不均一な沈殿を混合したものや，結晶を押し固めてペレット状にしたものがイオン感応膜として用いられる．おもに，膜を形成している難溶性塩の成分のイオンの検出に用いられる．たとえば，ハロゲン化銀（AgX）をイオン感応膜の構成成分として用いた場合，銀イオン（Ag^+），ハロゲン化物イオン（X^-），硫化物イオン（S^{2-}）のほかに，Ag^+ と安定な錯体を形成可能なイオン（シアン化物イオン（CN^-）など）に対しても応答する．また，フッ化ランタン（LaF_3）の単結晶は，フッ化物イオン（F^-）に対する応答が優れている．イオン感応膜としては，フッ化ユウロピウム（II）（EuF_2）をドープしたものが使用され，$10^{-6} \sim 1$ mol L^{-1} の幅広い濃度範囲においてネルンスト応答を示す．そして，他のイオン（X^- や硝酸イオン（NO_3^-），硫酸イオン（SO_4^{2-}），炭酸イオン（CO_3^{2-}），リン酸水素イオン（HPO_4^{2-}））に対する F^- の選択性は 1000 倍ほど高い．そのほかに使われる化合物としては，重金属硫化物がある．その構成するカチオンおよび S^{2-} に対して選択性を示し，Ag^+，銅イオン（Cu^{2+}），カドミウムイオン（Cd^{2+}），鉛イオン（Pb^{2+}）電極などがある．

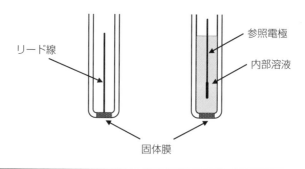

リード線

参照電極

内部溶液

固体膜

図 2.10 固体膜電極の例

　固体膜電極の構造の概略図を図2.10に示す．固体膜は導電性を示すため，固体膜とリード線を銀ペーストなどで直接接着したり，膜内部に測定イオンを含む内部溶液を入れて，それに銀–塩化銀電極を挿入したりしたものをイオン選択性電極として利用する．

(c) 液膜電極:　液膜電極は，イオンを検出可能な化合物（イオン感応物質）としてキャリヤー（または，イオノフォア（ionophore）という）を添加した水と混じり合わない有機溶媒を多孔質膜や高分子に保持した膜を用いたものである．通常は，電荷をもつイオノフォア（チャージドキャリヤー，charged carrier），または，電荷をもたない中性のイオノフォア（ニュートラルキャリヤー，neutral carrier）のどちらかを含んでいる．一般的な液膜は，イオノフォアを適切な有機溶媒（膜溶媒）に溶解したものを，化学的に不活性な高分子マトリックス（支持体）に保持したものが用いられる．ニュートラルキャリヤーを用いる場合には，さらに，イオン性サイト（ionic site，添加塩ともいう）とよばれる脂溶性イオンの塩が加えられるケースがほとんどである．液膜型のイオンセンサは，目的イオンと選択的に錯形成可能なイオノフォアを設計し，有機合成によって得ることができるため，非常に多くのイオンに対して汎用性があり，利用しやすい．通常使用されるイオン選択性電極はこのタイプが多い．支持体に保持したものは固体状態なので取り扱いやすいが，膜中でのイオノフォアの挙動は液体状態でのものと同等であるため，"液"膜として取り

扱う.

2.1.4
液膜の構成成分と応答機構

　液膜電極の感応膜の性能は，その構成成分であるイオノフォア，膜溶媒，イオン性サイトの種類と組合せ，混合する割合によって変化する．それぞれについて詳細を示すとともに，ニュートラルキャリヤー型イオンセンサの応答機構についても説明する.

(1) イオノフォア

　イオノフォアは，目的イオンと相互作用することでそのイオンを検出するはたらきがあるため，イオン選択性を示す液膜の構成成分のなかでも最も重要な化合物の１つであり，電荷をもつものと電荷をもたないものに分けられる（前述）.

(a) イオン交換型イオノフォア（チャージドキャリヤー）：　電荷をもつイオノフォア（チャージドキャリヤー）を含むイオン感応膜は，イオン交換型の液膜といわれる．疎水性の酸や塩基のような電荷をもつイオン交換部位を含んだ化合物がイオノフォアとして用いられる（イオン交換体ともいう，図2.11）.このイオノフォアを用いると，一般的には膜中にすでに存在する対イオン（たとえば，疎水性のカチオンであればその対アニオン）に対して選択性を示す.

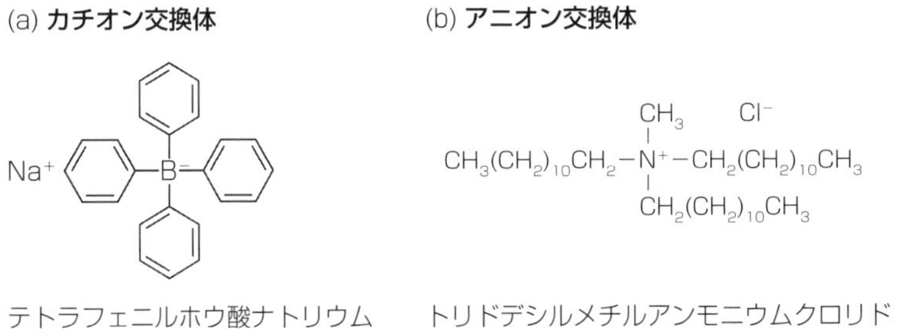

(a) **カチオン交換体**　　　　　　(b) **アニオン交換体**

テトラフェニルホウ酸ナトリウム　　トリドデシルメチルアンモニウムクロリド

図2.11　イオン交換型イオノフォア（チャージドキャリヤー）の例

より極性の高い膜溶媒中ではイオン種どうしは錯形成しておらず，イオン交換部位と対イオンがほぼ完全に解離する場合には，同じ電荷をもつ異なる種類の対イオンに対する選択性が，膜溶媒の抽出挙動によって決まる（イオン対の形成）．とくに有機イオンの場合，イオンの抽出定数は親水性の対イオンに対して小さく，親油性の対イオンに対して大きい．その結果，テトラフェニルホウ酸塩（図2.11(a)）のようなカチオン交換体では，

$$R^+ > Cs^+ > Rb^+ > K^+ > Na^+ > Li^+$$

というイオン選択性を示す（R^+ は親油性の有機カチオン）．一方，第四級アンモニウム塩（図2.11(b)）のようなアニオン交換体では，

$$R^- > ClO_4^- > SCN^- > I^-,\ NO_3^- > Br^- > Cl^- > F^-$$

というイオン選択性を示し（R^- は親油性の有機アニオン），この序列は，ホフマイスター（Hofmeister）系列（離液順列，離液系列ともいう）とよばれる．イオノフォアがイオン交換体のように電荷をもっている場合には，目的イオンの親油性が高いほど選択的に応答する．そのため，親水性のイオンを検出するためには電荷をもたない高選択性のイオノフォアの開発が重要となる．

(b) 電気的中性イオノフォア（ニュートラルキャリヤー）： イオン選択性をもつ，電気的に中性の試薬（ニュートラルキャリヤー）を含むイオン感応膜は，ニュートラルキャリヤー型の液膜といわれる．非常に優れたイオン選択性の天然または人工の化合物が用いられる．目的イオンと同じ電荷をもつ異なるイオン（妨害イオン）に対する選択性は，イオンとイオノフォアとの錯体の安定度定数により影響を受ける．1960年代半ばに天然の抗生物質を用いたニュートラルキャリヤー型のイオン感応膜が使用され，優れたセンサ性能を示すイオン選択性電極が報告された．その後，Pedersenによって開発されたクラウンエーテルが使用されるようになってからは，数多くのニュートラルキャリヤーが設計・合成されてきた．そのため，それまでガラス膜電極および固体膜電極での測定に限られてきた多くのイオン選択性電極も，液膜電極に置き換えられるようになった．また，液膜電極のイオン感応膜の作製は容易であるた

め（後述），実用化されたものも多い．Merck 社（ドイツ）の Selectophore™ や株式会社同仁化学研究所から，高性能のイオノフォアが市販されている（後述）．

　ニュートラルキャリヤーとイオンとの錯体は，ニュートラルキャリヤーに含まれるヘテロ原子（酸素（O），窒素（N），硫黄（S）などの原子）とイオンとのイオン-双極子相互作用（ion–dipole interaction）により生成する．この相互作用のしやすさは，HSAB 則（コラム参照）によって，ある程度説明できる．

　代表的なニュートラルキャリヤーを図 2.12 に示す．アルカリ金属イオンおよびアンモニウムイオン（NH_4^+）に対するニュートラルキャリヤーとして

HSAB 則

　酸塩基にはさまざまな定義がある．Lewis は，電子対受容体を酸，電子対供与体を塩基と定義した．金属イオンは電子対受容体なので酸（ルイス酸），配位子は電子対供与体なので塩基（ルイス塩基）である．金属イオンが配位子と錯形成する反応も，酸塩基反応としてみなすことができる．Pearson は，ルイス酸，ルイス塩基を硬さおよび軟らかさという概念で分類した．ルイス酸である金属イオンについていえば，「硬い酸」とは，体積が小さく正電荷が大きなものである．「軟らかい酸」とは，体積が大きく正電荷が小さなものである．ルイス塩基である配位子についていえば，「硬い塩基」は分極しづらく，「軟らかい塩基」は分極しやすい．そして，硬い酸は硬い塩基と安定な錯体をつくり，その錯体はイオン結合性が大きい．一方，軟らかい酸は軟らかい塩基と安定な錯体をつくり，その錯体は共有結合性が大きい．これを，HSAB（hard and soft acids and bases）則という．

　具体的には，同じ電荷をもつ金属イオンであれば，周期表の上にあるもの（小さいもの）ほど酸として硬い．また，同じ程度の大きさであれば，電荷が大きいほうが硬い．配位子でも同様で，周期表の上にあるもの（小さいもの）のほうが硬い塩基である．つまり，N，O などを配位原子とする場合は硬い塩基であり，リン（P），S などを配位原子とする場合は軟らかい塩基である．

リチウムイオノフォア

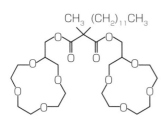

ジベンジル-14-クラウン-4　　TTD-14-クラウン-4　　リチウムイオノフォアⅣ
(ETH 2137)

ナトリウムイオノフォア

CH_3　$(CH_2)_{11}CH_3$

ビス (12-クラウン-4)　　ナトリウムイオノフォアⅣ
(DD-16-C-5)　　ナトリウムイオノフォアⅩ

カリウムイオノフォア

カリウムイオノフォアⅡ
ビス (ベンゾ-15-クラウン-5)　　バリノマイシン

アンモニウムイオノフォア

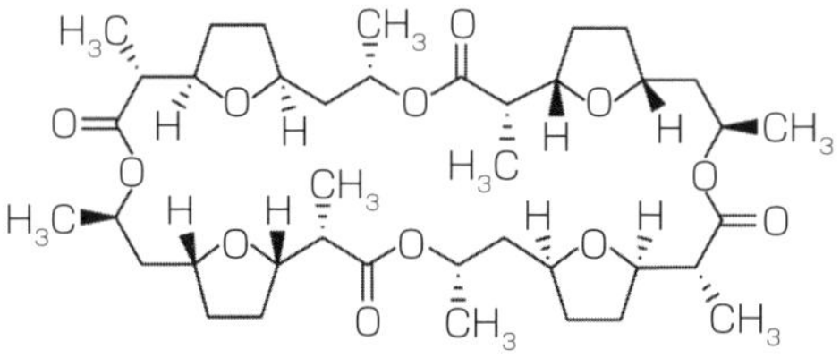

アンモニウムイオノフォア I
（ノナクチン）

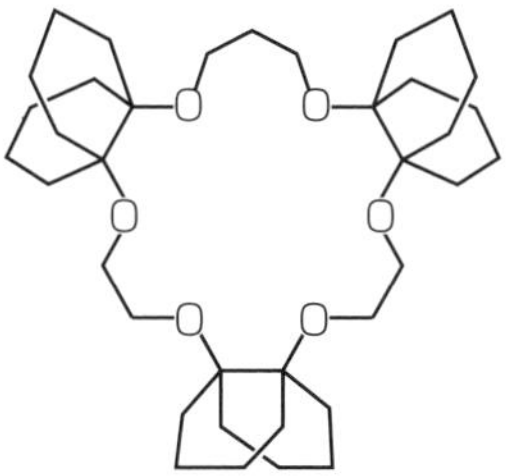

TD19C6

マグネシウムイオノフォア

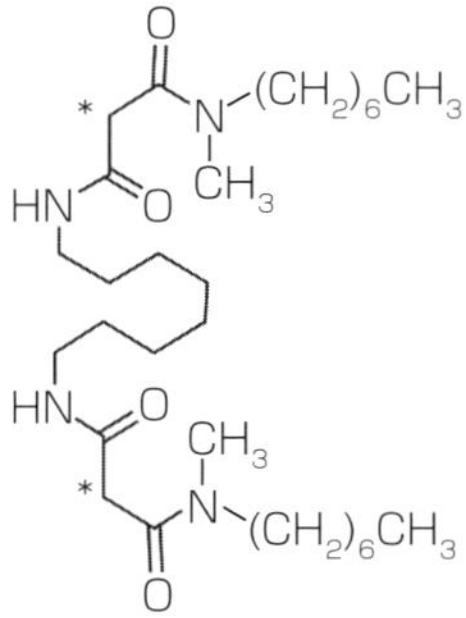

マグネシウムイオノフォア III (ETH 4030)

＊にメチル基が導入されたマグネシウムイオノフォア II
（ETH 5214）もある.

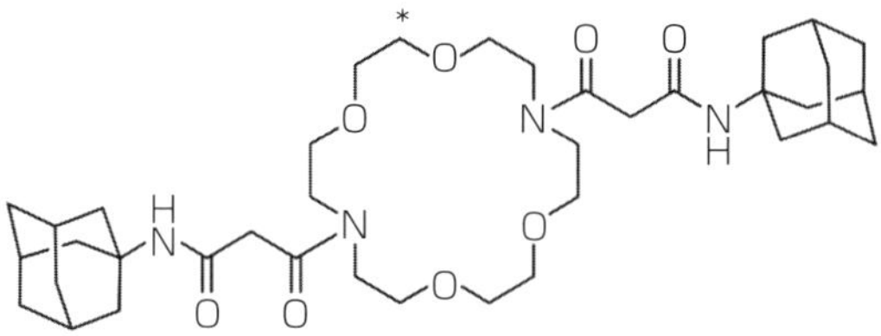

マグネシウムイオノフォアVII(K22B5)

＊にテトラドデシル基が導入された C14-K22B5 もある.

図 2.12 電気的中性のイオノフォア（ニュートラルキャリヤー）の化学構造

（つづく）

カルシウムイオノフォア

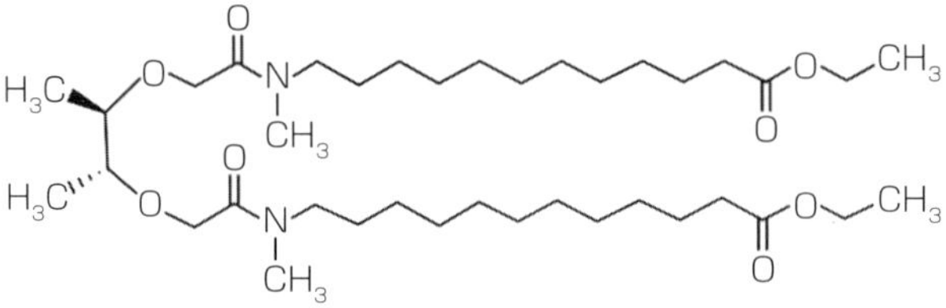

カルシウムイオノフォア I (ETH1001)

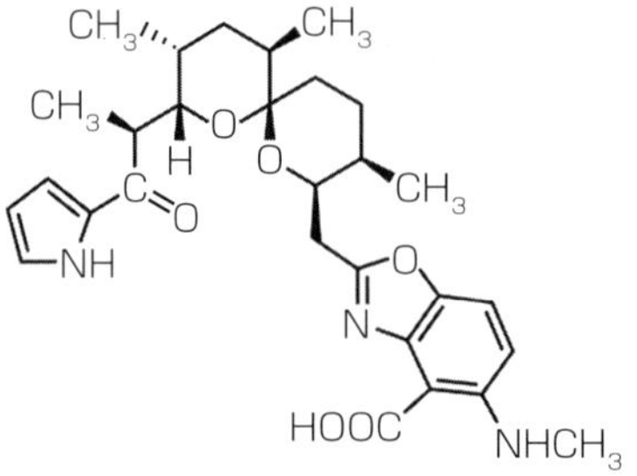

カルシウムイオノフォア III (カルマイシン)

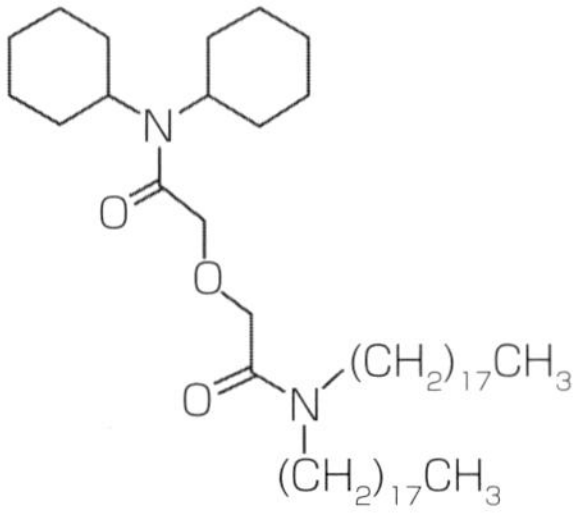

カルシウムイオノフォア IV (ETH 5234)

塩化物イオノフォア

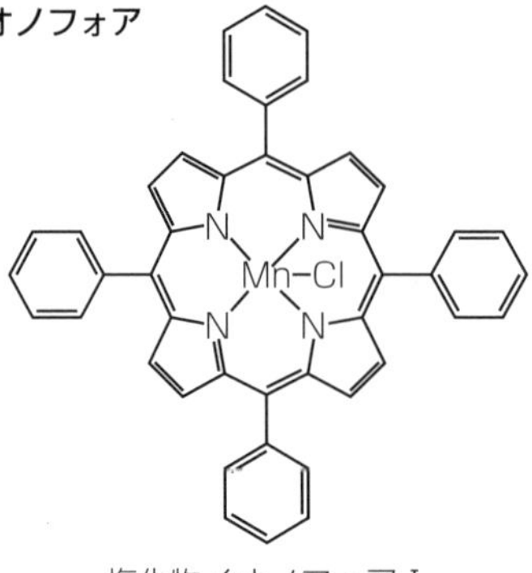

塩化物イオノフォア I

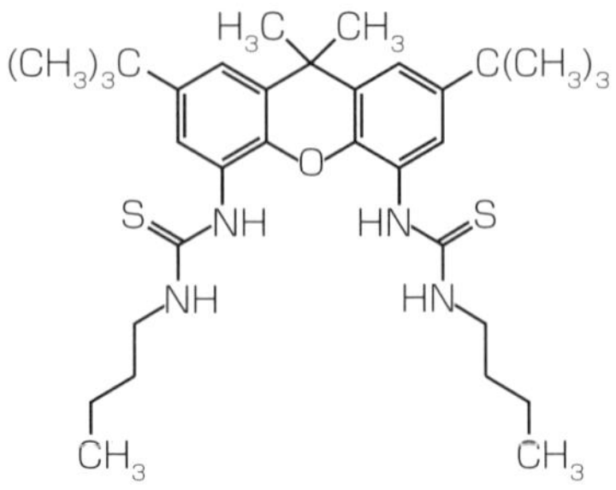

塩化物イオノフォア IV (ビスチオウレア-1)

炭酸イオノフォア

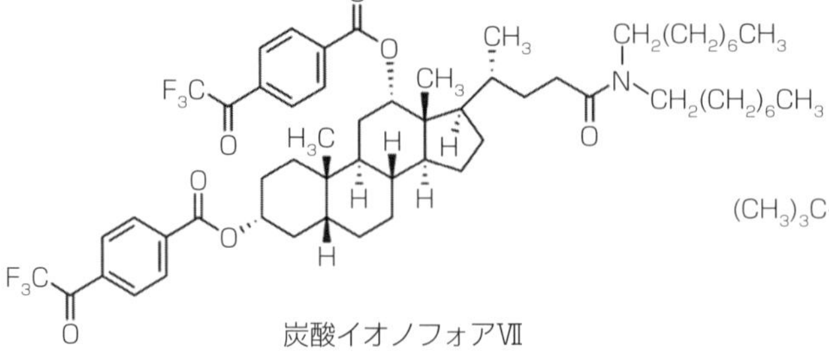

炭酸イオノフォア VII

亜硝酸イオノフォア

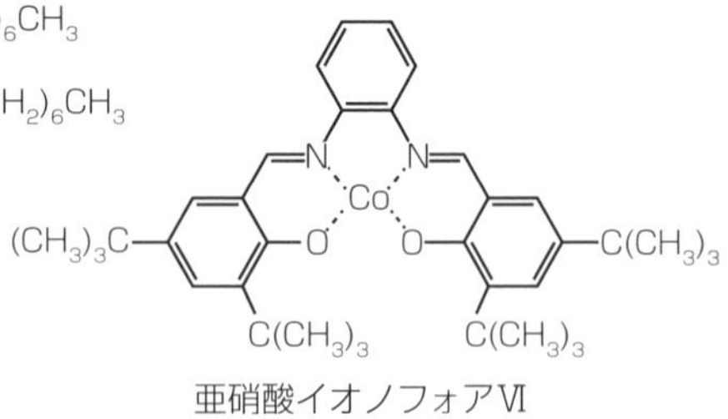

亜硝酸イオノフォア VI

図 2.12 電気的中性のイオノフォア（ニュートラルキャリヤー）の化学構造（つづき）

は，環状のクラウンエーテル誘導体あるいはカリックスアレーン誘導体などが開発されている．一方，マグネシウムイオン（Mg^{2+}），カルシウムイオン（Ca^{2+}）およびバリウムイオン（Ba^{2+}）に対するニュートラルキャリヤーとしては，非環状および環状アミド化合物が有効である．重金属イオンでは，配位子として硫黄原子および窒素原子を含むものが多い．アニオンに対するニュートラルキャリヤーは，有機金属化合物あるいは金属錯体への配位を利用したものや，水素結合能を利用したものが多い．また，有機イオンに対するニュートラルキャリヤーとして，環状のカリックスアレーンあるいはシクロデキストリン誘導体も開発されている．

(2) イオン感応膜に使用される膜溶媒

イオン感応膜に添加するイオノフォアは，通常，有機化合物であり，これをうまく作用させるために有機溶媒に溶解して用いる．使用する溶媒としては，イオノフォアを溶解することができ，かつイオン感応膜が目的イオンを含む水溶液と接した場合に溶出しないように，水と混じり合わない脂溶性の溶媒を用いる．また，イオン感応膜の寿命を考えると，揮発性の溶媒は使用しないほうがよい．支持体としてポリ塩化ビニル（$+CH_2CHCl+_n$，PVC）を使用することが多いが（後述），この場合には，PVC の可塑化が可能な溶媒（可塑剤）を使用する．具体的には，ビス(2-エチルヘキシル)セバケート（DOS），ビス(2-エチルヘキシル)フタレート（DOP），o-ニトロフェニルオクチルエーテル（NPOE）などがよく使用される．また，フェニルホスホン酸ジオクチル（DOPP）のようなリン酸エステル誘導体も使われることがある．イオノフォアの溶解性を考えて，用いる溶媒を選ぶとよい．

(3) イオン感応膜の支持体

イオン感応物質（有機試薬）を有機溶媒に溶解した液体（液膜）は，そのままでは取り扱い難く，イオン選択性電極に取り付けることが困難である．そこで，イオン選択性電極が開発された初期の 1960 年代半ばから 1970 年にかけては，取り扱いやすくするために不活性な支持体（焼結ガラス，沪紙，ポリエチレンフィルム，ナイロンメッシュなど）に染み込ませて使用していたが，物理

的な強度に問題があった．現在では一般に，支持体として PVC が使用されているが，液膜の支持体として最初に PVC を使用したのは Shatkay である[7]．その後，Thomas らが PVC を支持体とする液膜が物理的な強度に優れているだけでなく，応答時間，検出限界，選択性，寿命などの性能に優れていることを報告し[8]，広く使用されるようになった．

（4）イオン感応膜におけるイオン性サイトの添加

イオン性サイトは，イオン感応膜の構成成分で非常に重要なものである．水溶液中の目的カチオンの対アニオンが脂溶性である場合（チオシアン酸イオンなど），目的カチオンに対する検量線が高濃度側でネルンスト応答から予想される電位よりも小さな電位を示すことがある．これは，脂溶性対アニオンがイオン感応膜中に取り込まれることで生じると考えられ，アニオン効果とよばれる．イオン感応膜中に脂溶性のアニオン（テトラフェニルホウ酸イオン）を添加しておくと，水溶液中の脂溶性対アニオンの感応膜への取込みが抑制され，また，目的イオンが感応膜中へ取り込みやすくなるため，目的イオンに対する応答が改善されることが報告され，応答の改善のために必要であるといわれていた．その後の研究で，イオン感応膜中にイオン性サイトが含まれていない場合には，イオンセンサが応答を示さないことがわかり，イオン感応膜にイオン性サイトを添加することが必要不可欠であると報告された[9]．一般に支持体として用いられる PVC や膜溶媒中には，通常はイオン性の不純物がわずかに含まれているため，これがイオンセンサの応答に影響を与えており，性能の良いイオノフォアを用いたイオン感応膜であれば，イオン性サイトを添加しなくても優れた応答を示すこともある．しかし一般に，安定して適切な応答を示すイオンセンサを作製するには，イオン感応膜へのイオン性サイトの添加は必要である．また，イオン性サイトはイオン交換型イオノフォアとしても作用することが予想されるため，過剰に添加するとイオン選択性に影響を与えることになり，従来のニュートラルキャリヤー本来の性能を活かせなくなる．目安として，イオン感応膜に添加するニュートラルキャリヤーの物質量を超える物質量は添加しないほうがよい．適切なイオン選択性を得るためには，イオン性サイトの添加量を変化させた感応膜のセンサ性能を調べ，イオン感応膜の組成の最

適化を行う必要がある.

(5) ニュートラルキャリヤー型イオンセンサの応答機構

　ニュートラルキャリヤー（たとえば，カリウムイオン選択性のバリノマイシン）と添加塩（KR：たとえば，脂溶性のアニオンであるテトラホウ酸イオン（イオン性サイト：R^-）のカリウム塩）を含むイオン感応膜を，目的カチオンの塩（たとえば，塩化カリウム）を含む水溶液（試料溶液）に浸すと，その膜界面でどのようなことが起こっているのかを見てみよう．ここで，ニュートラルキャリヤーの物質量のほうが添加塩の物質量よりも多いとする．まず，試料溶液中で，目的カチオンの塩は完全に電離しており，目的カチオンと対アニオンは水和した状態で存在している．一方，イオン感応膜中で，添加塩由来の対カチオンがニュートラルキャリヤーと錯形成したイオン（カチオン）と，脂溶性アニオンとがイオン対を形成している．ニュートラルキャリヤーの物質量が多いため，錯形成していないニュートラルキャリヤーも存在している．試料溶液中の目的イオンは，水和したままではニュートラルキャリヤーと錯形成することはできないが，ニュートラルキャリヤーと錯形成するときに脱水和し，錯体イオンとなることで疎水性が増し，イオン感応膜に取り込まれる．一方，対アニオンは水和したままであり，ニュートラルキャリヤーと錯形成するわけでもないので，試料溶液中にとどまる．その結果，イオン感応膜界面で電荷分離が生じることになり（図2.13），界面電位が発生する．試料溶液中の目的イオ

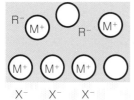

○ ：ニュートラルキャリヤー
M^+：目的イオン（カチオン）
X^-：目的イオンの対イオン（アニオン）
R^-：イオン性サイト（アニオン）

イオン感応膜

試料溶液

図2.13 　液膜界面での電荷分離の様子

ン濃度が変化すると，それに応じてイオン感応膜中に取り込まれる目的イオンも変化し，界面電荷が変化することで電位応答が生じるようになる（2.1.1項参照）．イオン感応膜界面における界面電位の発生は，試料溶液側だけでなく，内部溶液側でも生じる．しかし，内部溶液中の目的イオン濃度は一定であるため，内部溶液側の界面電位も一定である．なお，イオン選択性電極の検出下限は，一般に $10^{-5}\sim10^{-6}\,\mathrm{mol\,L^{-1}}$ 程度である．これは，イオン選択性電極の内部溶液からイオン感応膜を通って，試料溶液側に目的イオンが漏出することが原因であり，イオン濃度勾配を"試料溶液から電極内部溶液"の方向にすれば検出下限は $10^{-10}\,\mathrm{mol\,L^{-1}}$ 以下と著しく向上することも指摘されている．ただ，内部溶液の濃度が希薄すぎると，安定した膜電位が得られにくくなるため，測定条件などを詳細に検討する必要がある．

2.1.5
測　定

　ここでは，比較的よく使用される pH 電極と液膜電極について，具体的な測定方法について述べる．

(1) pH 電極

　水素イオンの活量に応答する感応膜を用いている．ガラス薄膜または電界効果トランジスター（2.2 節参照）である．

　pH ガラス電極は，検出部分のガラス薄膜が完全に乾燥してしまうと感度が低くなったり，応答が遅くなったりなど悪影響を及ぼすため，水中で保存しておく必要がある．また，ガラス薄膜は破損しやすいので，取扱いには気をつける．カバーなどを取り付けて測定するとよい．具体的な測定方法を以下に示す．

　　・pH メーターの電源を測定の 30 分程度前に入れ，装置を安定させる．
　　・検出部分（ガラス薄膜）をイオン交換水または蒸留水でよく洗浄する．
　　・検出部分についた水滴を，沪紙片に吸い取らせて取り除く．
　　・まず，装置の校正を行う．適量の標準緩衝液（中性）を入れた容器に pH 電極を浸し，値が安定するまで待つ．液絡部分が完全に浸っている

ことを確認する．このときの pH を標準の pH 値として設定する（ゼロ校正）．

・電極を標準緩衝液から出し，イオン交換水で洗浄し，電極の水滴を沪紙片で取り除く．

・2つ目の標準緩衝液（酸性または塩基性）を入れた容器に pH 電極を浸し，値が安定するまで待つ．このときの pH を標準の pH 値として設定する（スパン校正）．

・最後に，再度，中性の標準緩衝液を測定し，適切な pH を示していればよい．もしずれていれば，再度ゼロ校正を行い，さらに酸性または塩基性の標準緩衝液でスパン校正した後，中性の標準緩衝液を測定するという操作を，適切な pH を示すまで繰り返す．

pH（つまり水素イオンに対する膜電位）は温度によって変化する（式(2.3)）．これは，試料溶液の pH だけでなく，標準緩衝液の pH も同様である

表 2.3 標準緩衝液の温度に対する pH 変化

温　度/℃	フタル酸塩[1]	リン酸塩[2]	ホウ酸塩[3]
0	4.003	6.984	9.464
5	3.999	6.951	9.395
10	3.998	6.923	9.332
15	3.999	6.900	9.276
20	4.002	6.881	9.225
25	4.008	6.865	9.180
30	4.015	6.853	9.139
35	4.024	6.844	9.102
38	4.030	6.840	9.081
40	4.035	6.838	9.068
45	4.047	6.834	9.038
50	4.060	6.833	9.011

1) 0.05 mol L^{-1} フタル酸水素カリウム水溶液
2) 0.025 mol L^{-1} リン酸二水素カリウム＋0.025 mol L^{-1} リン酸水素二ナトリウム混合水溶液
3) 0.01 mol L^{-1} 四ホウ酸ナトリウム（ホウ砂）水溶液

（表 2.3）．一般には，温度センサが付いていることが多いので，pH メーター
に忘れずに接続する．温度センサがない場合には，pH メーターを手動で温度
補正する必要がある．

感応部分が電界効果トランジスターの場合も同様に測定する．これはガラス
膜とは異なり，物理的に丈夫である．また，感応部分の乾燥に注意する必要は
ない．

(2) 液膜電極

イオン電極については，市販されているものも数多くあるので購入し，取扱
い説明書に従ってそのまま使用するとよい．一方で，各自の測定に適した，い
わゆるオーダーメイドの電極の作製を希望する場合のやり方を以下に示す．イ
オン濃度が未知である場合の求め方についても併せて記す．

(a) イオン感応膜の作製: 一般的なイオン感応膜（可塑化 PVC 膜）の作製
法は，PVC と可塑剤を 1：2〜2.5 の重量比で混合し，イオノフォアを数パーセ
ント（目的イオンに対してネルンスト応答するように最適化する必要があ
る），イオン性サイトをイオノフォアの物質量の 25〜100 mol% 程度（イオン
選択性を調べながら最適化する必要がある）を添加し，テトラヒドロフラン
（THF）に完全に溶解後，シャーレに入れて静置し，ゆっくりと THF を揮発
させて得る．THF が早く揮発してしまうと適切な応答を示すイオン感応膜が
得られないため，上から時計皿などで蓋をして時間をかけて揮発させることも
ある．具体的には，PVC 50 mg，可塑剤 100〜125 mg を使用した場合，THF
3 mL に溶解し，内径 3 cm のシャーレを使用すると適切な膜厚の膜が得られ
る．このようにして得られたイオン感応膜は，非常に柔軟な膜である．THF
に溶解するため，少量の THF で濡らし，電極の先端に貼付する．ここで，
THF に溶解させすぎると，感応膜の膜厚が部分的に薄くなったり，孔が開い
たりするので注意する．

(b) コンディショニング: イオン感応膜を取り付けたイオン選択性電極を
使用する前に，通常，コンディショニングという操作を行う．これは，比較的

高濃度（0.01〜0.1 mol L^{-1} 程度）の目的イオンを含む水溶液に電極を数時間〜半日程度浸漬してから，水（イオン交換水）でよく洗浄して使用する．この操作によって有機物からなるイオン感応膜を水になじませておくことで，測定時に電位が安定する．目的イオンがカチオンの場合，イオン感応膜中で金属イオン錯体（カチオン）とイオン性サイトとのイオン対が生成することになる．

(c) 電位応答測定—検量線法： コンディショニング後，電極を水で十分洗浄する．これにより，界面付近の錯体から金属イオンが試料溶液中に放出され，イオン感応膜は電気的に負になり，カチオンと錯形成しやすくなる．検量線を作成する場合には，電位差計に接続したイオン選択性電極と参照電極を水溶液が入っている容器（ビーカーなど）に浸漬する．すでに述べたように，膜界面に発生する電位は温度によって変化するので，測定中は温度が一定になるように工夫する．電位が一定になったところで値を読み取る．基本的には，目的イオンの濃度を低濃度から高濃度に変化させる（通常は，1×10^{-6}〜1×10^{-1} mol L^{-1} 程度の濃度範囲で測定する）．試料溶液の濃度については，さまざまな濃度の溶液を準備し，それぞれ容器に入れ，容器を交換することで変化させることが可能で，これによってさまざまな濃度に対する電位を読み取ることができる（バッチ法）．あるいは，低濃度の試料溶液に，より高濃度の試料溶液を少量添加することで濃度を変化させることも可能である（インジェクション法）．各自の測定に適した方法を選ぶとよい．また，測定中は溶液の濃度が均一に保てるように溶液を十分に撹拌しながら行う．これによって電位のブレがなくなる．測定後は各濃度を活量に換算し，活量の常用対数に対して膜電位をプロットすれば，検量線が得られる．検量線を得た後，そのイオンセンサで未知濃度の目的イオンを含む試料溶液の膜電位を測定して，上記の方法で得られた検量線から，得られた電位に対応する活量を求めることができる．

(d) 電位応答測定—標準添加法： 試料溶液中に共存している成分が目的イオンの応答に影響を及ぼす可能性がある場合には，標準添加法を用いるとよい．これはまず，試料溶液の電位を調べておき，その後，既知量の標準試料を複数回に分けて試料溶液に添加し，それぞれの電位をグラフにプロットして，

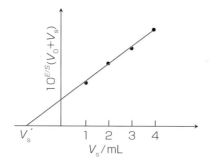

図 2.14　標準添加法のグラフ

作図から試料溶液に含まれている目的イオン濃度を求める方法である．具体的には以下のとおりである．簡単のために，ここでは活量とモル濃度が等しいとする．

試料溶液 V_0 mL 中に目的イオンが含まれており，その未知濃度を $a\,\mathrm{mol\,L^{-1}}$ とする．そこへ，$c_s\,\mathrm{mol\,L^{-1}}$ の標準液を V_s mL ずつ複数回添加する（図2.14）．イオンセンサの電位応答は，ネルンスト式（式(2.3)）に従う．式(2.3) において，今は $a_i = a$ であり，傾き $2.303RT/z_iF$ を S とし，$c_s\,\mathrm{mol\,L^{-1}}$ の標準液を V_s mL 添加したときの電位を E とすると，

$$E = E_{\mathrm{const}} + S \log \frac{aV_0 + c_s V_s}{V_0 + V_s} \tag{2.16}$$

が成り立つ．これを変形すると，

$$10^{(E-E_{\mathrm{const}})/S} = \frac{aV_0 + c_s V_s}{V_0 + V_s} \tag{2.17}$$

となり，これを変形して，

$$10^{E/S}(V_0 + V_s) = 10^{E_{\mathrm{const}}/S}(aV_0 + c_s V_s) \tag{2.18}$$

が得られる（ここで，変数は V_s と E であり，a は未知だが定数である）．V_s を変化させ，それに対して $10^{E/S}(V_0 + V_s)$ をプロットすると図2.14のようになる（ここでは，4回添加）．この直線と横軸が交わる点を V_s' とすると（$10^{E/S}(V_0 + V_s) = 0$），

$$a = -\frac{c_s V_s{}'}{V_0} \tag{2.19}$$

となり，目的イオンの未知濃度を求めることができる．

2.2

イオン感応性電界効果トランジスター

　イオン感応性電界効果トランジスター（ion-sensitive field-effect transistor：ISFET）を用いた pH センサが 1970 年代中ごろに開発された．ISFET は半導体作製技術を用いた小型のイオンセンサである．pH ガラス電極と pH メーターの初段増幅器とを一体化したセンサに相当し，すでに pH センサとして市販されている．

2.2.1
構　　造

　電界効果トランジスター（FET）は，ベースである p 型半導体とソースおよびドレインとよばれる n 型半導体を組み合わせたもので構成される．シリコン半導体を用いたものがよく用いられている．トランジスターの上面に薄い絶縁層があり，これには酸化ケイ素（SiO_2）と，窒化ケイ素（Si_3N_4）または酸化タンタル（Ta_2O_5）などが使用される（図 2.15）．絶縁層の表面に導電性のゲートがあり，ソースとベースは同じ電位である．ソースとドレイン間に電圧をかける場合，ドレインとベースの間にはほとんど電流が流れない．ゲートを正電位にすると，絶縁層（SiO_2）の下のシリコン層表面（ベース側）に自由電子が蓄積し，ソースとドレイン間にその電位に応じた電流が流れるようになる．この絶縁層の上にイオン感応膜を作製するとイオンセンサとして作動する．イオン感応膜表面に膜電位が発生すると，ソースとドレイン間の電流が影

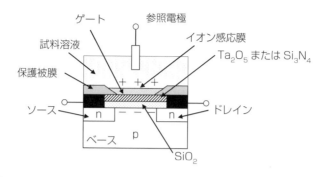

図2.15 の下には次のラベルがある：

ゲート　　参照電極
試料溶液　　　　　　　イオン感応膜
　　　　　　　　　　　Ta₂O₅ または Si₃N₄
保護被膜
ソース　　　　　　　　　　ドレイン
ベース　　p
SiO₂

図2.15 イオン感応性電界効果トランジスターの構造

響を受けるが，ソースとドレイン間の電流を一定に保つような回路にしておくと，ゲートにかかる電圧がイオン感応膜で発生した電位に等しくなる．

2.2.2

イオンセンサの作製

ISFET は水素イオンに対して応答するので，pH センサとして使用されている．このゲート部分にさまざまなイオノフォアを含むイオン感応膜を貼付すると，イオノフォアのイオン選択性に対応したセンサとして作動するため，幅広い種類のイオンセンサを作製可能である．簡単には，2.1.5(2)(a) 項で述べたようなイオン感応膜をゲート部分に貼付することでイオンセンサが得られる．また，FET は小型化が可能なデバイスであるうえ，pH ガラス電極のように破損しやすくはなく丈夫である．さらに，イオン感応膜を通して（横切って）電流が流れる必要がないので，膜抵抗が非常に大きなイオン感応膜も使用することが可能であり，従来のイオン選択性電極よりもさまざまな場面で利用が可能であることが利点である．電位応答測定については，イオン選択性電極の場合と同様，参照電極とともに使用する．

2.3

イオンセンサの応用

　イオンセンサはすでに医薬分析，バイオ関連分析，環境分析へ幅広く利用されている．さらに，排水・自然環境中の各種イオン，医薬品・食品などに含まれるさまざまなイオンの定量に応用されている．効率よく測定したり，複数の試料を同時に測定したりするために，さまざまな工夫がなされている．また，フローインジェクション法と組み合わせた分析の自動化や，液体クロマトグラフィーやキャピラリー電気泳動などの検出器としての使用なども行われている．以下にいくつか例を挙げる．

　臨床分析では，いくつかのメーカーから電解質濃度の測定のための装置（電解質分析装置）がすでに市販されている．これは，血液（全血，血清，血漿）や尿中のナトリウムイオン，カリウムイオン，塩化物イオン，水素イオンを，イオン選択性電極を用いて分析するもので，オートサンプラーが装備されたものもある．感応膜の詳細については明らかにされていないものが多いが，一例としてナトリウムイオン，カリウムイオンの検出にはクラウンエーテル誘導体が，塩化物イオンの検出には第四級アンモニウム塩が使用されているものがある．試料としては 1 mL 以下の量で測定が可能であり，検査にかかる時間も，1 検体あたり 1 分以内と短いものが多い．

　工場排水については，その試験法が日本産業規格（Japanese Industrial Standards：JIS）で決められている[10]．ここでは，シアン化物イオン，アンモニウムイオン，フッ化物イオン，塩化物イオンをイオン選択性電極により測定する際の詳細が記載されている．妨害となる物質に対処するために前処理しておく必要がある．

　食品中のイオン濃度の検出への応用も検討されている．ナトリウムイオン選択性電極を用いて，加工食品中の塩分の測定が可能か調べられている[11]．食品

として検討されたのは，しょう油，ソース，野菜ジュース，みそ，ケチャップなどである．得られた結果と炎光光度法による測定結果が一致したことで，食品中の食塩濃度の検出に利用可能と報告された．また，カリウムイオン選択性電極を用いて，食品中のカリウムイオンの定量が検討された[12]．食品としては，ジュース，スポーツドリンク，牛乳，ソース，しょう油などの液体試料および，ハム，キュウリ，バナナなどの固体試料である．液体については，必要に応じて希釈して測定し，固体試料は 1% 塩酸溶液に浸漬したのち，中和して測定された．カリウムイオンは水に溶解しやすいので灰化などの処理は不要である．この場合も，炎光光度法による測定結果と一致し，容易な定量法として利用可能であると報告された．

　また，2008 年に火星に着陸した探査機フェニックスには，火星の土壌を調べるために湿式化学実験室（wet chemical laboratory）が搭載されており，これに，カルシウムイオン，マグネシウムイオン，カリウムイオン，ナトリウムイオン，硝酸イオン，アンモニウムイオン，水素イオンなどの測定のためのイオン選択性電極が備えてあった[13]．これにより，土壌中の硝酸イオンを測定したところ，分析に使用した土よりも多くの硝酸イオンを含んでいるというありえない結果が得られた．さらに調べることで，この電極が過塩素酸イオンにも応答していることがわかり，火星の土壌には過塩素酸イオンが含まれることが明らかになった．

　さらに，センサ材料として，カーボンペーストとカーボンナノチューブ[14,15]，導電性ポリマーなどを利用したものや，イオン感応膜の膜溶媒やチャージドキャリヤー（イオン交換体）として，イオン液体を利用したセンサ[16]など，機能性材料を使用したセンサの開発も進められている．

文　　献

1 ）E. Bakker, P. Buhlmann, E. Pretsch: *Chem. Rev.*, **97**, 3083 （1997）.

2 ）G. D. Christian, P. K. Dasgupta, K. A. Schug 著，今任稔彦，角田欣一 監訳，『クリスチャン 分析化学 原書 7 版 I. 基礎編』，丸善出版 （2016）.

3 ）D. C. Harris 著，宗林由樹 監訳，岩元俊一 訳，『ハリス 分析化学 原書 9 版（上)』，化学同人 （2017）.

4) Y. Umezawa, K. Umezawa, H. Sato, *Pure Appl. Chem.*, **67**, 507 （1995）.

5) 木原壯林，加納健司：『電気化学分析』，分析化学実技シリーズ　機器分析編 12，共立出版（2012）.

6) 姫野貞之，市村彰男：『溶液内イオン平衡に基づく分析化学』，化学同人（2001）.

7) A. Shatkay：*Anal. Chem.*, **39**, 1056 （1967）.

8) G. J. Moody, R. B. Oke, J. D. R. Thomas：*Analyst*, **95**, 910 （1970）.

9) S. Yajima, K. Tohda, P. Bühlmann, Y. Umezawa：*Anal. Chem.*, **69**, 1919 （1997）.

10) JIS K0102

11) 宮崎　毅，青海　隆，電気化学および工業物理化学，**49**，657 （1981）.

12) 宮崎　毅，青海　隆，電気化学および工業物理化学，**52**，521 （1984）.

13) S. P. Kounaves, M. H. Hecht, S. J. West, J. -M. Morookian, S. M. M. Young, R. Quinn, P. Grunthaner, X. Wen, M. Weilert, C. A. Cable, A. Fisher, K. Gospodinova, J. Kapit, S. Stroble, P. -C. Hsu, B. C. Clark, D. W. Ming, P. H. Smith：*J. Geophys. Res.*, **114**, E00A19 （2009）.

14) F. Faridbod, M. R. Ganjali, M. Pirali-Hamedani, P. Norouzi：*Int. J. Electrochem. Sci.*, **5**, 1103 （2010）.

15) F. Faridbod, M. R. Ganjali, B. Larijani, M. Hosseini, P. Norouzi：*Mater. Sci. Eng. C*, **30**, 555 （2010）.

16) P. Norouzi, Z. Rafiei-Sarmazdeh, F. Faridbod, M. Adibi, M. R. Ganjali：*Int. J. Electrochem. Sci.*, **5**, 367 （2010）.

Chapter 3
バイオセンサの基礎

　化学センサは特定の物質に応答するように設計されたデバイス（装置）であり，測定対象の物質に対して高い選択性が要求される．しかし，高い選択性を有する化学センサの開発は実際には容易ではない．われわれの住む世界は無数ともいえる種類の化学物質から成り立っているので，その中から1種類の物質を見分ける（検出する）ことが，いかに困難であるかは容易に想像できるであろう．したがって，選択性を高めるための努力が化学センサの開発の歴史といっても過言でない．

　そのようななかで，生物のもつ優れた機能をそのまま利用する試みがなされ，バイオセンサとよばれるようになった．バイオセンサは生物由来の認識物質（酵素や抗体）を利用するので一般に選択性が高く，これにより上に述べた問題が解決するに至った．本章では，バイオセンサを構成する各種認識物質の特徴について概説する．

バイオセンサの構成

　化学センサの構造についてはすでに1.3節で述べた．バイオセンサにおいても基本的な構造は同様であるが，測定対象物質の検出は，鍵と鍵穴の関係により説明されることが多い．Fischer は，「酵素の立体配置が作用に与える影響」と題した論文の中で，酵素の基質特異性を鍵と鍵穴に関連づけて説明した[1]．ここで，鍵とは検出される物質（標的物質；analyte）で，鍵穴は検出する物質でレセプター（receptor）とよばれる．バイオセンサは図3.1に示すように，物質を選択的に識別する分子認識部（バイオレセプター）とバイオレセプターから生ずる信号を利用しやすい形に変える信号変換部（トランスデューサー）から構成される．実例として，酵素がバイオレセプター，サーミスターがトランスデューサーの場合，酵素が標的物質と反応して熱を生じると，サーミスターが温度変化を電気抵抗の変化として出力する．抵抗値の変化は後続する信号処理部に渡され，最終的に標的物質の濃度として表示される．

　バイオレセプターは膜（担体）に固定せず，試料溶液中に添加して電極など

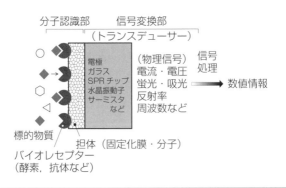

| 図 3.1 | バイオセンサの構造 |

(a)

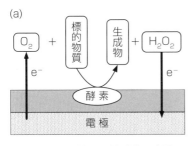

基質以外の反応物・副生成物の定量で
基質の定量が可能

(b)

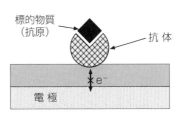

結合のみ生じ，電極には応答しない
ので検出に工夫が必要

図 3.2 バイオセンサの応答方式の例

(a) 酵素反応に必要な反応物や副生成物が定量に利用できる．
(b) 抗体抗原反応のように結合反応のみが起こる場合には，(a) のように電極が使用
できない．

のトランスデューサーで測定しても，図 3.1 のセンサと同じ結果が得られるは
ずである．しかし，バイオレセプターを担体に固定することで，バイオレセプ
ターの使用量を抑えることが可能になり，しかも高密度（高濃度）になる利点
が生ずる．さらに，試料溶液を取り替えても，レセプターを再度添加する必要
もなくなる．これらの理由からバイオセンサではレセプターはトランスデュー
サー上に固定されることが多い．

　電気化学的なバイオセンサを例にとると，その応答方式は大別して以下の 2
つになる（図 3.2）．1 つは酵素をレセプターとする場合である．酵素はある特
定の物質（基質）に対してのみ反応する高い選択性を有している．しかし，酵
素反応では，基質以外の物質を必要としたり，反応生成物として副生成物が生
じたりすることも多い．また，酵素によっては，酵素から直接電子が移動する
こともある．したがって，これらの物質や電子を定量に利用することができる
（図 3.2(a)）．もう 1 つは，図 3.2(b) に示すような抗原抗体反応を利用する
センサである．この場合には標的物質はレセプターに結合するだけであり，副
生成物や電子授受は発生しない．そのため検出には工夫が必要となり，トラン
スデューサーの選択が重要となる．

代表的なバイオレセプター

　上で述べたように，バイオセンサでは標的物質の種類や応答方式によりレセプターとトランスデューサーを適切に選択する必要があるが，この節ではおもにバイオレセプターの応答原理について説明し，トランスデューサーの解説は次の Chapter で行う．バイオセンサにおいて，使用頻度の高いレセプターは酵素と抗体であるので，最初にこれらについて解説する．

3.2.1
酵　　素

　生物では特定の機能を有するタンパク質により体内の反応が制御されている．すなわち，体内に取り込まれた物質をもとに生命活動に必要な物質が合成され，不要となった物質が分解される．このような反応を触媒するのが酵素（enzyme）であり，標的となる物質のみに結合して反応する．酵素は巨大タンパク質分子で，しばしば反応中心に金属イオンを含む．酵素の化学では反応を受ける物質は基質（substrate）とよばれ，バイオセンサでは標的物質がこれに相当することが多い．酵素は基質を包み込む凹み（ポケット，鍵穴）を有しており，基質がこのポケットに入り込むことを契機として反応が進行する（図3.3(a)）．一般に，基質がポケット内に侵入すると，多数の結合（水素結合，静電的結合）や相互作用（ファンデルワールス（van der Waals）力）が基質とポケットの間に生ずる．これらの結合，相互作用により，基質はポケット内で三次元的に位置決めされ，後続する反応に適した環境が作り出される．このとき，図3.4に示すように酵素–基質の活性化複合体（$E \cdot S^*$）が反応の活性化エネルギーを低下させ（触媒機能），反応が効率的に進む．

　酵素はある特定の物質に対してのみ反応するので，酵素をセンサのレセプ

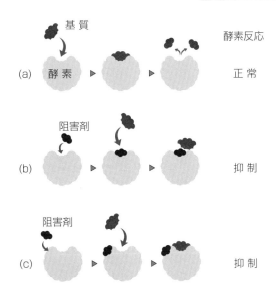

| 図3.3 | 酵素反応と阻害の例 |

（a）通常の酵素反応，（b）競争的阻害がある反応（competitive inhibition），（c）非競争的阻害がある反応（non-competitive inhibition）.

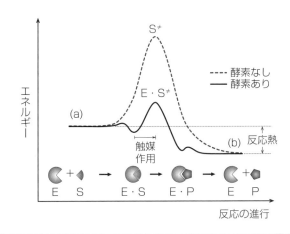

| 図3.4 | 酵素による活性化エネルギーの低下 |

（a）反応前，（b）反応後.
E：酵素，S：基質，P：生成物，E・S$^{\neq}$，S$^{\neq}$：活性化複合体.

ターとして使用することができる．ただし，酵素は生体内に存在する物質であるので，タンパク質が変性するような条件では活性が低下あるいは消失することが多い．酵素には活性が最大となる最適温度（至適温度）と最適な pH（至適 pH）がある．

酵素には小分子（有機化合物）と結合して機能するものがある．この場合，タンパク質の部分をアポ酵素，小分子を補酵素という．小分子が結合した酵素をホロ酵素といい，この状態で酵素として機能する．すなわち，

$$\text{アポ酵素 + 補酵素} \rightleftharpoons \text{ホロ酵素} \tag{3.1}$$

の関係がある．図3.5はグルコースオキシダーゼ（GOD）の補酵素フラビンアデニンジヌクレオチド（FAD）の機能を示したものである．グルコースがGOD 内の活性部位に達すると，グルコースは電子を失いグルコノラクトンに酸化される．この酸化反応で生じる電子によって，補酵素 FAD は $FADH_2$ に還元される．GOD の触媒機能が継続するためには $FADH_2$ が酸化されて FAD を再生する必要があり，酸化剤（図では酸素分子（O_2））が必要となる．

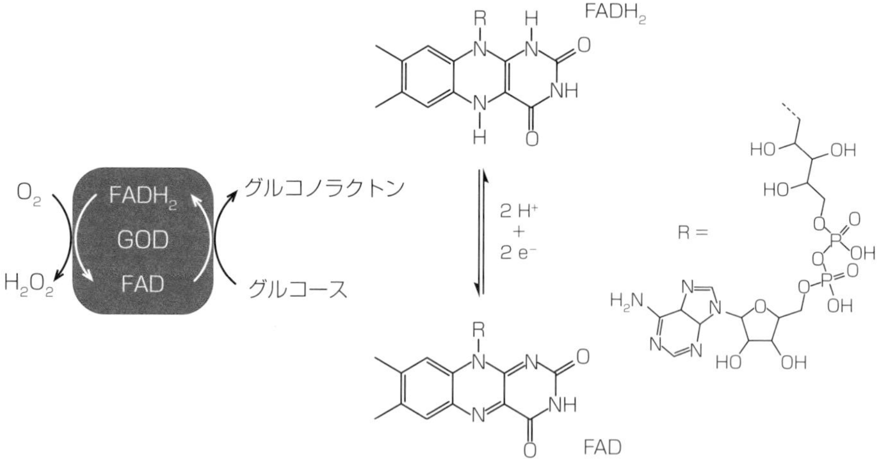

図3.5 グルコースオキシダーゼ（GOD）と補酵素 FAD の機能

グルコースの電子は FAD に渡されて $FADH_2$ が生成し，この $FADH_2$ は酸素に電子を渡して FAD に戻る．この結果，グルコースはグルコノラクトンに酸化され，酸素は過酸化水素に還元される．

酵素は機能別に6種類に分類されている．それぞれ，オキシドレダクターゼ（酸化還元酵素），トランスフェラーゼ（転移酵素），ヒドラーゼ（加水分解酵素），イソメラーゼ（異性化酵素），リアーゼ（脱離酵素，付加酵素），リガーゼ（合成酵素）である．

3.2.2
酵素反応の阻害剤

物質のなかには酵素反応を阻害するものがあり，そのような物質を阻害剤という（図3.3(b)および(c)）．これまで述べてきたバイオセンサの考え方からすると，阻害剤は定量操作を妨げる物質となるが，逆に阻害剤を定量するために酵素反応を利用することも可能である．この場合，一定濃度の基質が添加された溶液において実験を行う．すると，阻害剤の存在によりセンサの応答が低下するので，この低下に基づき定量を行う．阻害剤の例として農薬や重金属イオンがあり，これらによる酵素活性の低下により定量を行う．阻害にはいくつかのタイプがあり，競争（拮抗）阻害，非競争（非拮抗）阻害，不競争（不拮抗）阻害などがある．競争阻害（図3.3(b)）では，阻害剤が基質と同じ場所（ポケット内）に競合的に結合して酵素反応を妨げる．非競争阻害（図3.3(c)）では，阻害剤が基質と別の部位に結合して反応の進行を妨げる．不競争阻害では，阻害剤が酵素–基質複合体（$E \cdot S^*$）にのみ結合して反応の進行を妨げる．

3.2.3
抗　体

抗原（antigen）と抗体（antibody）の反応は免疫反応であり，抗原には病原性微生物や高分子化合物なども含まれる．抗体はタンパク質で構成され（図3.6），免疫系を機能させるために外来の異物を認識する．通常，抗原に対する抗体の選択性は非常に高く，このため，抗体はレセプターとしてバイオセンサに利用されている．抗体は5種類存在するが，ここでは免疫グロブリン（IgG）とよばれる最も一般的なものについて説明する．抗体（分子量およそ15万）は抗原に対する免疫の一環として生体内で作り出され，図に示すようにY字

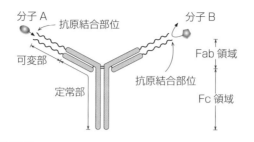

図 3.6 抗体の模式図

抗体は，抗体の可変部の先端に結合する．抗原結合部位と相補的[†]な分子 A（抗原）は結合するが，相補的でない分子 B は結合できない．

形をしている．抗体の上半分の V 字形の部分を Fab 領域（fragment, antigen binding）とよぶ．2 つの Fab 領域の先端部が抗原に結合するように合成される．この先端部分は可変部といい，約 110 分子のアミノ酸で構成される．可変部は対応する抗原によりアミノ酸配列が異なり，抗原の形にフィットする立体構造をもつ．残りの部分は不変で定常部といわれる．抗体の Y 字形の下半分にあたる場所を Fc 領域（fragment, crystallizable）とよび，抗体をセンサ膜に固定するときに重要な部分となる．

　免疫反応は高感度かつ高選択的である反面，反応は両者の会合のみとなる．したがって，酵素のように副反応物や副生成物が存在しないので，検出の面で困難が伴う．このため，抗体に発色試薬や酸化還元物質などのラベル化分子（標識分子，6.1 節参照）を結合させ，抗原‒抗体の結合を色の変化や発光，酸化還元応答などで検出する．

　抗体にはポリクローナル抗体とモノクローナル抗体がある．ポリクローナル抗体は複数のエピトープ[‡]に対する抗体の混合物となる．これに対してモノク

---

† 　相補的（complementary）という語は，分析化学では 2 つの結合部分がお互いにマッチして，相互作用の大きくなる状態のことをいう．ジグソーパズルの凸凹が一致して，2 つのピースがつながる状態を想像すればよい．2 つが 1 つになってcomplete（完全，無欠）になることを英語の語源とする．

‡ 　エピトープ（epitope，抗原の結合部分）は，抗原の一部の領域である．抗体は抗原と結合するとき，抗原全体と結合するわけではなく，抗原の一部の領域を認識して結合する．この領域をエピトープという．

ローナル抗体は1つのエピトープと結合するため，抗原特異性がまったく同一の抗体となる．ポリクローナル抗体は抗原1分子に対して複数結合できるため，ラベルとして用いる二次抗体にはポリクローナル抗体を用いることが多い（6.5節参照）．

　マウス，ラット，ウサギ，ヤギなどに抗原を注射などにより注入（感作）すると，動物体内では抗体がつくられ生体を防御する作用がはたらく（免疫）．免疫を生じさせてから，モノクローナル抗体を得るまでに通常4～6カ月かかる．これは，抗体が動物の免疫を利用して作製されるためである．免疫を繰り返し，数カ月してから血液を回収して抗体を精製する．このときには，免疫源に反応する多くの種類の抗体を含むポリクローナル抗体が得られる．特定の抗体を産生するB細胞[†]を取り出し，培養，増殖させることで，単一の抗体（モノクローナル抗体）を得ることができる．

3.2.4
DNA

　DNA（デオキシリボ核酸）では，二重らせんの中に4種類の塩基が水素結合により対峙する（図3.7）．二重らせんは2本のポリヌクレオチド鎖からなっており，それぞれデオキシリボース骨格に4種の塩基，アデニン（A），グアニン（G），シトシン（C），チミン（T）が結合している．これらのポリヌクレオチド鎖はお互いに逆平行に配置され，らせん構造は10塩基ごと右回りに1回転する．これらの塩基には相補性があり，一方の塩基が決まれば相手の塩基は自動的に決まる．その組合せは，AとT，GとCであり，前者の間には2個，後者には3個の水素結合が形成される．リボ核酸（RNA）の場合には，ヌクレオチドの糖がリボースで，$2'$位がヒドロキシ基に置換される．また，チミンの代わりにウラシル（U）が使用される．DNAも抗体と同じように結合によって副生成物などが生成しないので，検出には工夫が必要となる．

[†]　B細胞はリンパ球の一種で抗原を排除するための抗体を作り出す役目を果たす．
　1つのB細胞では1種類の抗体しかつくることができない．

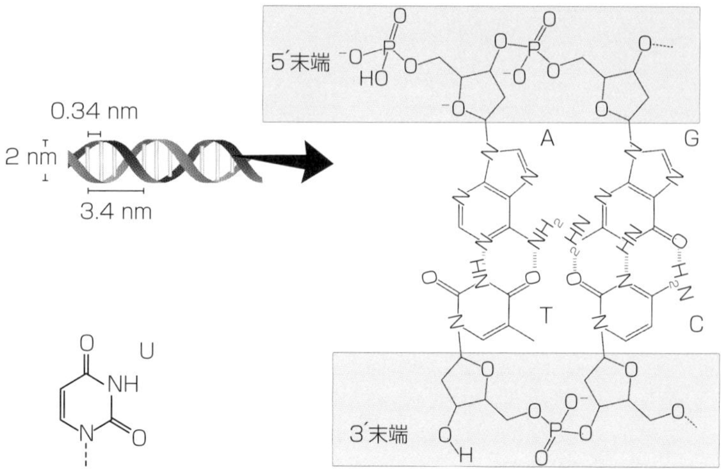

図 3.7 DNA の構造

A：アデニン，G：グアニン，C：シトシン，T：チミン．RNA の塩基　U：ウラシル．

3.2.5

アプタマー

　アプタマーは 1 本鎖の核酸（RNA，DNA）あるいはペプチドである．アプタマーは分子認識機能を有し，特定の化合物と会合できるので，多機能なレセプターとして利用されている．ここでは核酸のアプタマーについて説明する．アプタマーはこれまで述べてきた酵素や抗体といったバイオレセプターと異なり，SELEX[†] とよばれる人工進化的な繰返し手法により取得される．特徴として，タンパク質，ペプチド，アミノ酸，炭水化物，脂質，抗生物質，有機化合物など，低分子から高分子まで幅広い分子を標的とすることができる．また，DNA や RNA のアプタマーは pH や温度に耐性があり，タンパク質で構成さ

[†]　SELEX：systematic evolution of ligands by exponential enrichment の略．まず，ランダムな塩基配列を有するライブラリ（多種類の DNA，RNA 断片；それぞれ 30 ～100 塩基程度）を標的分子と混合し，強く結合するもののみを選択・増幅する．次に，得られた DNA，RNA を標的分子と再度混合して，強く結合するものを選択する．この操作を繰り返して，最終的に標的分子に対して高い結合力を有するアプタマーを取得する．

れるバイオレセプターが失活するような条件でも使用が可能である.

　DNA/RNA アプタマーは核酸塩基が構成成分であるので，ルイス酸（陽電荷あるいは正に分極した分子領域など）と相互作用できる．さらに，アプタマーの塩基は π–π 相互作用によって他の分子と相互作用することも，水素結合によって結合することもできる．アプタマーは DNA あるいは RNA の 1 本鎖であるので折れ曲がった三次元構造をとることができ，その形が標的分子との結合において有利にはたらく．アプタマーは図 3.8 に示すように立体的な構造をとることができる．先端部が相補的な二重鎖になったヘアピン構造には図 3.8(a) のほかにも，ループが複数存在するものがある．グアニン塩基（G）が多い場合には四重鎖の構造をとることができ（図 3.8(b)），アプタマーはこのような構造によっても標的分子と相互作用する．小分子がアプタマーと結合する場合には，この分子がアプタマーの二重らせんやループ内に包み込まれるような構造が多いが，タンパク質など大きい分子の場合にはその一部と相互作用するかたちになる．たとえば，アプタマーがトロンビン[†]と結合するとき，グアニン四重鎖が誘起されることが知られている.

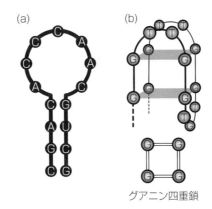

グアニン四重鎖

図 3.8　アプタマーの特異的構造

　(a) ヘアピン構造，(b) グアニン四重鎖．4 つのグアニンがそれぞれ 2 本の水素結合によって結合し，平面構造をとる.

---

†　トロンビン（thrombin）：血液の凝固に関与する酵素.

3.2.6

微生物

　微生物や真菌，酵母，細胞，原虫などの生体もバイオレセプターとしてセンサに使用される．微生物センサは酵素センサの代替手法として考えることができ，生命体の代謝過程がさまざまな観点から利用される．呼吸活性，成長の阻害，細胞（微生物）の生存率，栄養物の取込み（資化）などが挙げられる．微生物センサは微生物の機能をそのまま利用できる．このため，安価に作製でき，安定であるなどの特徴がある．また，遺伝子を組み換えた微生物を用いて，新規な機能を発現させることも可能である．生体内より取り出された酵素は一般に不安定なことが多いが，微生物を生存状態のままセンサに利用できれば安定が保たれる．さらに，細胞内の酵素や補酵素，つまりは微生物の生理機能を使用するセンサが構築できる点でも利用価値が大きい．微生物センサでは，通常の酵素センサと異なり，微生物が生きているかぎり，酵素などのバイオレセプターが再生される利点もある．ただし，生物をセンサに利用するには，発生する情報をトランスデューサーに確実に伝達する方法が重要となる．

　図3.9は，溶存酸素存在下での細菌の代謝の概要を示したものである．細菌は外界の有機化合物を酸化し，その結果生成する電子を最後には電子受容体である酸素に渡す．したがって，有機物の濃度が高いほど溶存酸素（コラム参照）が活発に消費されることになり，その濃度が低下する．このことより，細菌を固定した膜を酸素電極[†]の上に配置すると，微生物の機能により生物化学

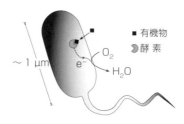

図3.9　好気性細菌による有機物（エネルギー源）代謝の概要

---

†　酸素の定量を目的とするセンサ．4.6節で解説する．

的酸素要求量（biochemical oxygen demand：BOD）を測定するセンサが作製できる．また，水溶液中に毒物（農薬や重金属イオン）が存在すると，細菌の代謝活性が低下して酸素の消費量が減少する．この現象を利用して，飲料水などの試料に一定量の有機物を添加し，酸素消費量を測定することで毒物の有無を知ることができる．

コラム　溶存酸素

溶存酸素（dissolved oxygen：DO）は，水中に溶存している酸素のことであり，自然界では大気中の酸素分圧に比例して水中に溶解している．その濃度は，単位容積（1 L）あたりの水に溶解している酸素量（mg L^{-1}）で表す．温度や気圧だけでなく，水に溶解しているイオンによっても溶存量は変化する．

表　蒸留水（1013 hPa）における各温度の飽和溶存酸素量

温　度/℃	0	5	10	15	20	25	30
飽和DO量/mg L^{-1}	14.15	12.37	10.92	9.76	8.84	8.11	7.53

3.2.7
人工認識体（鋳型ポリマー）

　人工認識体は，酵素や抗体といった生物由来のバイオレセプターの機能を高分子素材で実現する方法である（図3.10）．これらの認識体は分子インプリントポリマー（molecularly imprinted polymer：MIP）あるいは鋳型ポリマーとよばれ，対象物質が変わっても同一の合成手法でレセプターの作製が可能である特徴を有する[2]．標的物質はこの手法ではテンプレート物質ともなる．

　図3.10のMIPの合成では，まずテンプレート物質と，これと水素結合，静電的結合やファンデルワールス力などで相互作用する機能性モノマーを用意する（a）[3]．テンプレートと機能性モノマーが結合した会合体（b）を架橋剤と

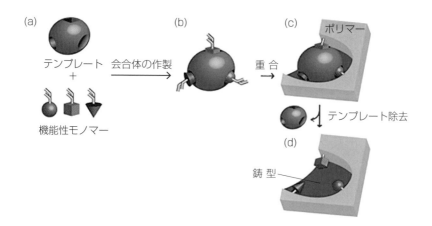

図 3. 10 MIP の合成プロトコル

(a)〜(d) は本文参照.

ともに重合するとテンプレートを内包したポリマー (c) が作製される. ポリマーの洗浄によりテンプレートを除去すると, 標的物質の鋳型をもつレセプターがポリマー樹脂として得られる (d). この方法では, 分子のみならず, タンパク質やウイルス, 微生物など, さまざまな物質をテンプレートとして用いることができる. これは, 他法には見られない特徴の1つである.

この方法はスキームで見るかぎり優雅であるが, 実際にはテンプレートの除去が完全には困難で, 実用において問題となることがある. 選択性の高い鋳型ポリマーの合成には, 会合体 (h) において, テンプレートと機能性モノマーとの間で強い結合が生ずることが必要となる. しかし, このような強く会合するポリマー (c) からはテンプレートは除去しにくいことが一因である.

━━━━━━━━━━━━━━━ 文　献 ━━━━━━━━━━━━━━━

1) E. Fischer : *Berichte der deutschen chemischen Gesellschaft.*, **27**, 2985 (1894).

2) H. Shiigi, S. Tokonami, Y. Yamamoto, T. Nagaoka : *Anal. Sci.*, **28**, 1037 (2012).

3) T. Kinoshita, D. Q. Nguyen, D. Q. Le, K. Ishiki, H. Shiigi, T. Nagaoka : *Anal. Chem.*, **89**, 4680 (2017).

Chapter4
トランスデューサー

バイオセンサは，レセプターが標的物質を認識することで生じる信号を利用するもので，得られた信号を信号処理部に伝達し，その信号強度から標的物質を定量する機構になっている．したがって，レセプターと標的物質の反応から生じる信号を，信号処理部で利用しやすいかたちへと効率的に変換することが重要である．本章では，バイオセンサにおいて信号変換を担うトランスデューサーについて概説し，その後，各トランスデューサーの特徴について解説する．バイオセンサにおいては電気化学測定法がよく用いられるため，電気化学に関する基礎的な事項をまず説明し，その後，吸光や発光に基づいた光学検出などについて解説する．

4.1 酸化還元電位

電気化学測定法を理解するためには，酸化還元電位（redox potential）に対する理解が必要である．標準酸化還元電位（$E°$）は酸化還元反応に付随するパラメーターであり（コラム参照），以下の半反応で表される．

$$O + n e^- \rightleftharpoons R \qquad\qquad E° \tag{4.1}$$

 標準酸化還元電位

標準酸化還元電位（$E°$）は，たとえば Fe^{3+}/Fe^{2+} の場合には以下のように 1 行で書かれる．

$$E° / V \text{ vs. SHE}$$

$$Fe^{3+} + e^- \rightleftharpoons Fe^{2+} \qquad 0.77$$

半反応というのは考えにくいが，これは，標準水素電極（SHE）に対して測定された値となっているので，以下の式(1)，式(2) が組み合わさった式(3) の反応を考えればよい．

$$E° / V$$

$$
\begin{array}{lll}
2\,Fe^{3+} + 2\,e^- \rightleftharpoons 2\,Fe^{2+} & 0.77 & (1) \\
-)\ \ 2\,H^+ + 2\,e^- \rightleftharpoons H_2 & 0 & (2) \\
\hline
2\,Fe^{3+} + H_2 \rightleftharpoons 2\,Fe^{2+} + 2\,H^+ & 0.77\ V & (3)
\end{array}
$$

基準となる電極を明記するには，電位の後ろにその名称を記載する．

ここで，O は酸化体，R は還元体，e^- は電子であり，n はこの反応で移動する電子の数である．酸化還元反応を考える場合には半反応が2つ必要で，電池を用いて説明できる．電池の場合，電極は2つあるので，一方の電極で反応する物質1（O_1, R_1）と他方の電極で反応する物質2（O_2, R_2）が組み合わさって完全な反応を形成する．

$$O_1 + n\,e^- \rightleftharpoons R_1 \qquad E_1^\circ \qquad\qquad (4.2)$$

$$O_2 + n\,e^- \rightleftharpoons R_2 \qquad E_2^\circ \qquad\qquad (4.3)$$

酸化還元電位は次の2つの規則を覚えておくと難しいものではない（図4.1）．

①電子は片方の電極の還元体（R）から出て，他方の電極の酸化体（O）へ移動する．

②電子は酸化還元電位（E）の小さい電極から大きい電極へと移動する．

1番目の規則は自明であろう．2番目の規則は乾電池を思い浮かべると理解しやすい．乾電池では，電子は負極から正極へと移動する．すなわち，電子は負の電気を帯びているので，電位[†]の小さい電極から大きい電極へと移動する．

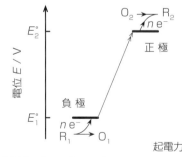

図4.1　電池反応と電位

正極と負極で起こる反応を合わせると全反応になる．この電池の起電力は座標軸より $E_2^\circ - E_1^\circ$ となる．

[†]　電圧（voltage）と電位（potential）の意味の違いについて理解しておくこと．われわれが電池の電圧というとき，これは正極と負極の間の電位の差（電位差）を意味している．

電子は電位のより大きい場所を好むと覚えておいてもよい.

　以下の式(4.4)は，標準状態にあるガルバニ電池を示している．ただし，左極室の物質を1，右極室の物質を2として区別する（$M \equiv mol\ L^{-1}$）[†].

$$Pt|R_1(1\ M),\ O_1(1\ M)\|R_2(1\ M),\ O_2(1\ M)|Pt \tag{4.4}$$

この電池では左極室にR_1とO_1が溶存し，右極室にはR_2とO_2が溶存している．2つの電極室は塩橋（記号∥）で電気的に接続されている．電池は標準状態にあるので，左極の電位はE_1°，右極の電位はE_2°とする．今，仮に$E_1^\circ < E_2^\circ$として上の2つの規則に従い図を描くと，図4.1になる．2つの電極を導線（図では電極を結ぶ斜めの赤線で示している）で接続すると，電位の低い電極（負極）の還元体から電子が流れ出し（酸化反応），電位の高い電極（正極）の酸化体にその電子が流れ込む（還元反応）．このとき電極で起こる反応は図に示すとおりである．すなわち，両極で以下の反応が起こるので，

$$正極：O_2 + n\,e^- \longrightarrow R_2 \tag{4.5}$$

$$\underline{負極：R_1 - n\,e^- \longrightarrow O_1} \tag{4.6}$$
$$+)$$

$$全反応：R_1 + O_2 \longrightarrow O_1 + R_2 \tag{4.7}$$

全反応が式(4.7)に示す方向に起こることが理解できる．このように，上記2つの法則さえ覚えておけば，どちらの方向に反応が進行するか，簡単に理解できる.

　この関係より，標準酸化還元電位が小さい半反応ほど，還元体の還元力が大きいことがわかる．たとえば巻末の付表に記載した半反応（$Li^+ + e^- \rightleftharpoons Li$）は$-3.045\ V$なので，金属リチウム（Li）は標準酸化還元電位のより大きい酸化体に電子を与えることが可能である．Li^+/Liの標準酸化還元電位は巻末付表の中で一番小さいので，このなかでは金属リチウムは還元力の最も強い物質となる．逆に，標準酸化還元電位の大きい酸化体は酸化力が強いことがわかる．表で標準酸化還元電位の一番大きいフッ素（F_2）は表の中のすべての還元体を酸化できる.

---

† 　正確には活量を使用する必要があるが，ここでは便宜上モル濃度を使用する.

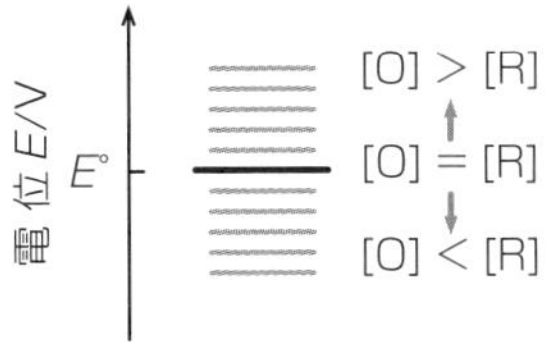

$$E = E° - \frac{0.059}{n} \log_{10} \frac{[R]}{[O]} \ \text{(V)} \qquad T = 298\,\text{K}$$

図4.2 ネルンスト式と電位の関係

　これで，酸化還元電位と還元力，酸化力の関係がわかったが，電気化学でもう1つの理解しにくい理論がネルンスト式である．ネルンスト式が示すのは，濃度比 $[R]/[O]$ による電位 (E) の標準値 $(E°)$ からのずれである（図4.2）．この式は，酸化体に比べて還元体の濃度が大きくなる（$[O] < [R]$）と電位は $E°$ より負の方向にシフトすることを示している．逆に，酸化体の濃度が還元体に比べて大きくなる（$[O] > [R]$）と電位は $E°$ より正にシフトする．この図を図4.1の2つの電極に重ね合わせて考えてみよう．電池の端子を短絡して電流が流れると，時間とともに負極では $[R]$ が小さくなって $[O]$ が増えていく．このため，負極の電位はもとの値よりも上方に動いていく．逆に，正極では時間とともに $[O]$ が減って $[R]$ が増えていくので，電位は下方に動いていく．このため，時間の経過とともに正極と負極の間の電位差は小さくなり，最終的には両方の電位が同じになって，もはや電流は流れなくなる（電池を使い切ったことになる）．こうなるとこれ以上反応は起こらず平衡状態（$R_1 + O_2 \rightleftharpoons O_1 + R_2$）となる．

　このように，ネルンスト式は濃度によって電位が異なることを式で表したものであるが，その変化は物質の違い（$E°$ の違い）に比べると小さい．酸化還元電位の表を見てみると，標準電位は $+3\,\text{V}$ から $-3\,\text{V}$ 位までの広い範囲に分布しているので，物質が変わったときには電極の電位は大きく変化する可能性がある．これに対して物質の濃度に関する電位のずれは，1電子移動過程においては $[R]/[O]$ が10倍変わっても $59\,\text{mV}$ の変化である（298 K）．

　次に，平衡状態に達して起電力が $0\,\text{V}$ となった式(4.4)の電池を考える．導線を外して，電池の両極に電源を接続して，もとの電池反応とは逆の方向に

電流を流すとする．このようにすると，今までとは逆の方向に反応が起こり，左極の電位は下がり，右極の電位は上がることがネルンスト式より予測できる．これは電気分解で，電池が充電されることに相当する．ボルタンメトリーを使用するセンサは電池反応（自発反応）ではなく，電気分解（電解）による電流を測定する．

4.2 ボルタンメトリー

　ボルタンメトリーでは1つの電極（作用電極）の電位を変化させて，そのときに観測される電解電流を観測する．ボルタンメトリーでは電解セルの構造から二極式と三極式があるが，多くの場合，三極式が使用される（図4.3）．ボルタンメトリーの実験では，通常，電源の電圧を徐々に大きくしていく．作用電極において試料が電気分解される電位になると電解電流が観測される．たとえば，鉄イオン（Fe^{3+}）の定量を行うとき，標準水素電極に対して0.77 Vよりも負の電位になると，式(4.8)の還元反応が起こり，電流が流れる．このときの電流を測定することにより Fe^{3+} の濃度がわかる．

$$Fe^{3+} + e^- \longrightarrow Fe^{2+} \quad E^\circ = 0.77 \text{ V} \tag{4.8}$$

　目的の反応を起こさせる電極を作用極（作用電極）とよび，もう一方の電極を対極という．二極式において，作用極で目的の反応を起こすためには電源を作用極および対極に接続する（図4.3(a)）．作用極で還元が起こる場合，対極では試料溶液中の物質のなかで最も酸化されやすいものが反応する．水溶液の場合，水の酸化が起こることが多いが，支持塩なども酸化されることがある（たとえば，塩化物イオン（Cl^-））．三極式（図4.3(b)）では対極，作用極のほかに参照極（参照電極；図4.3(c)）を用いる．参照極の役割は基準となる

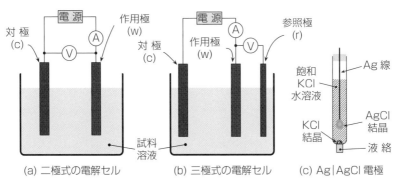

図 4.3　ボルタンメトリー測定用の電解セル

（a）二極式では対極と作用極の電位差のみが設定できる．
（b）三極式では作用極の電位が参照極により設定できる．
（c）銀–塩化銀参照電極（飽和 KCl）；液絡は多孔質材料（ガラスフィルターやセラミックフィルター）からなり，イオン移動による導電性は確保しつつ，溶液の混合は防ぐ機能をもつ．

電位を示すことにあり，電解することではない．実際，図 4.3(b) を見てみると，参照極は電圧計を通じて作用極に接続されていて，電流は流れないことがわかる．三極式では作用極の電位は参照極に対して測定される．

　ではなぜ通常，三極式が使用されるかというと，二極式では電気分解で設定できるパラメーターが対極と作用極の間の電位差（電圧）にすぎないということにある．図 4.3 を見てわかるように，電気分解では，二極式，三極式を問わず，対極に流れる電流と作用極に流れる電流は絶対値として同じである．この条件があるので，二極式（図 4.4(a)）の場合には電圧（V_{w-c}）を変化させると作用極電位と対極電位の両方が変化する（w：作用極，c：対極，r：参照極）．したがって，一般に，電圧 V_{w-c} の変化分がそのまま作用極電位の変化にはならず，作用極の電位を電圧 V_{w-c} の変化によって目的の値に設定することもできない．しかし，作用極の電位が別の回路によって観測できれば，設定は可能となる（図 4.3(b)）．参照極は常に一定の電位を示すので，三極式では作用極と参照極との間の電位差（V_{w-r}；図 4.4(b)）を電圧計（図 4.3(b) の $\widehat{V}$）で確認しながら，作用極の電位が目的の値になるように電源電圧 V_{w-c} の調節ができるからである．このようにして，三極式では精密かつ安定な電解を行う

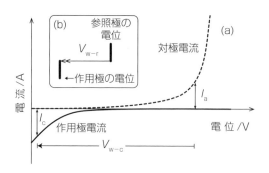

図4.4　二極式電解および三極式電解の比較

(a) 二極式電解では，電圧 V_{w-c} を加えたとき，作用極と対極の電位は，それぞれの電極に流れる電流の絶対値が同じになるように決まる（$I_a = -I_c$）だけで，作用極の電位を独立して設定することができない.

(b) 三極式では，作用極の電位が参照極に対して V_{w-r} となるように V_{w-c} を調節できる. これにより，作用極の電位は目的値に設定される.

図では，対極および作用極，それぞれの電極に流れる電流を分解して示しているが，実際に観測される電解電流はこれらの和になる.

ことが可能であるが，一方で，電源電圧を常時調節する必要も出てくる. この操作を自動で行うのがポテンショスタットとよばれる電源装置である.

　上に述べたように，精密かつ安定な電解を行うには，電位の基準となる電極が別に必要であり，参照電極（コラム参照）はこのために使用される. ただし，実際のセンサでは装置や電解セルの構造が簡単になる二極式がしばしば採用される. この場合には，対極に銀-塩化銀（Ag|AgCl）電極を使用するなどして，対極の電位を安定に保つように留意する. 対極（Ag）が一定濃度の塩化物イオン水溶液に浸され，かつ，Ag が酸化される条件（正電位）では，AgCl の生成が常時電極上で起こるので，電流が少し流れても対極の電位は比較的安定である.

参照電極

　参照電極は電流を流さないようにして使用されるので，常に同じ電位を保っている．参照電極として Ag│AgCl（飽和塩化カリウム）電極を例にとると，この電極では以下の平衡が生じる．ここで，K_{sp} は塩化銀の溶解度積である．

$$AgCl \rightleftharpoons Ag^+ + Cl^- \qquad K_{sp} = 1.6 \times 10^{-10}$$
$$+) \underline{\quad Ag^+ + e^- \rightleftharpoons Ag \qquad\quad E^\circ(Ag/Ag^+) = 0.80 \text{ V} \quad}$$
$$AgCl + e^- \rightleftharpoons Ag + Cl^-$$

この平衡に対するネルンスト式は

$$E = E^\circ(Ag/Ag^+) + \frac{RT}{F} \ln [Ag^+] = E^\circ(Ag/Ag^+) + 0.059 \log_{10} \frac{K_{sp}}{[Cl^-]}$$
$$= 0.22 - 0.059 \log_{10} [Cl^-] \qquad (T = 298 \text{ K})$$

であるので，温度と塩化物イオンの濃度が一定であれば，Ag│AgCl 電極の電位は一定となる．

　このことから，図 4.3(c) の電極では，容器内に KCl と AgCl の沈殿が存在するかぎり電位は一定である．AgCl 結晶は容器内に存在すれば理論上問題はないが，通常，図のように Ag 線上にディップコート（dip coat）されることが多い．参照電極は内部抵抗の大きい電圧計につながっており，電流はほとんど流れない．それでも外部との間で水やイオンの移動は起こりうるので，長時間の安定性を確保するために KCl や AgCl の結晶を電極内に入れておいて，Cl^- や Ag^+ の濃度を一定に保っている．ただし，最近では液絡に使用する多孔質材料の性能が向上しており，飽和していない KCl 溶液も用いられる．

ボルタンメトリーの理論

　ボルタンメトリーの理論は電位の掃引（変化）方法によって多くの種類があり，それらを網羅的に解説するのは本書の範囲を超えるので，最もよく使用されるサイクリックボルタンメトリー（cyclic voltammetry）のみを解説する[1]．このボルタンメトリーで観測される電流は，以下のフィック（Fick）の第一法則により考えることができる．

$$I = nFAD \left(\frac{\mathrm{d}c}{\mathrm{d}x} \right)_{x=0} \tag{4.9}$$

ここで，I は電解電流，F はファラデー定数，A は電極面積，D および c は酸化還元物質の拡散係数と濃度，x は電極表面からの距離（法線方向）である．この式は，電流が酸化還元物質の電極表面での濃度勾配に比例することを示している．この式によれば，物質が電解される電位でないときは濃度勾配がゼロであるので電流は観測されない．電解される電位になると，電極表面での物質の濃度は小さくなるので濃度勾配が発生し，電解電流が観測される．さらに，濃度勾配が大きいほど単位時間あたりに電極に到達する物質の量も増えるので，I も大きくなる．また，電流の大きさは物質の拡散係数にも依存する．

　式(4.9)をもとに，図4.5(b)のサイクリックボルタモグラム（cyclic voltammogram：CV）を見てみよう．CVの横軸は電位であり，通常参照電極に対する値である．図4.5(a)には電位と時間の関係（電位関数）が示してある．今，電位を負の方向に掃引して還元反応を開始する場合を考えてみよう．電位掃引はⓐ点の時点において開始され，その電位は初期電位（initial potential）である．電位はⓒ点の折返し電位（switch potential）で最も小さくなり，ⓔ点でもとの電位に戻る．このときの電位の変化率 v を掃引速度（sweep rate）という（$v = |\mathrm{d}E/\mathrm{d}t|$）．掃引は，図のように1回で終わること

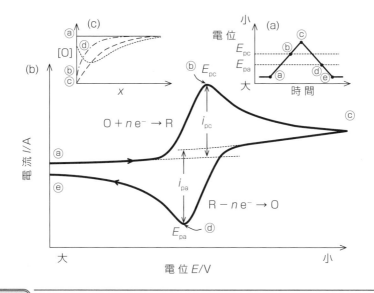

図 4.5 物質 O のサイクリックボルタモグラム

(a) 電位−時間関数, (b) サイクリックボルタモグラム, (c) 物質 O の電極近傍での濃度プロファイル.

もあるが，繰り返されることもある．

　電極で起こっていることを考えるには図 4.5(c) の物質 O に関する濃度プロファイルを見ながら CV を考えるとよい．ⓐ点においては電解が起こらないため，濃度プロファイルでは，O の濃度 [O] は電極からの距離 x の全域にわたって一定で，初期濃度を保っている．次に，掃引を始めて $O + ne^- \rightleftharpoons R$ の標準酸化還元電位に近くなると還元が始まり，電流が流れ出すので電極表面の O が消費されて濃度勾配が発生する．還元のピーク電位ⓑに達すると，この勾配は最大値に達する．この電位を過ぎると電極表面での O の電解（消費）速度がきわめて大きくなり，溶液の内部からの O の供給が追いつかなくなる（拡散律速）．このとき，電極近傍の O はほとんど消費されて，[O] は電極表面で事実上ゼロとなり，同時に濃度勾配も減少する．このため，電流は減少していく（式 (4.9)）．ⓒ点で電位を折り返しても酸化反応が始まるまでは O の還元は続いているので拡散律速が続き，電流は引き続き減少していく．R の酸化が始まる電位になると O が再生されるので，電極表面では O の濃度上昇が

起こる（図 4.5(c) の曲線ⓓ）．このとき，濃度勾配は負になるので，電流も逆の符号をもつことになる（下向きの電流ピークを生じる）．

電極反応 $O + ne^- \rightleftharpoons R$ において，両方向の電子移動速度がきわめて大きいものを可逆系とよぶが，このような系の還元ピーク電流（I_{pc}/A）は

$$I_{pc} = 0.4463nFAc_O\sqrt{\frac{nFvD_O}{RT}} \tag{4.10}$$

で表される．ここで，A は電極面積（cm^2），c_O は試料 O の濃度（mol cm^{-3}），D_O は試料 O の拡散係数（cm^2 s^{-1}），F はファラデー定数（96,485 C mol^{-1}），v は掃引速度（V s^{-1}），R は気体定数（8.315 J mol^{-1} K^{-1}），T は絶対温度（K）である[1]．

また，ピークの間隔（ピーク電位の差）ΔE_p は 298 K において，

$$\Delta E_p = E_{pa} - E_{pc} = \frac{59}{n} \quad (\text{mV}) \tag{4.11}$$

となる（E_{pa} と E_{pc} は図 4.5(b) に表示）．式(4.10) より，CV のピーク電流から酸化還元物質の濃度の算出が可能であり，電流は濃度に対して比例することがわかる．

電子移動の速度が遅くなると ΔE_p の値は式(4.11) で示される値よりも大きくなり，ピークは不明瞭となる．また，電極の表面が汚れている場合にはたとえ可逆系であっても 59/n mV よりも大きくなるので，実験的には注意が必要である．電極反応 $O + ne^- \rightleftharpoons R$ に後続反応，たとえば $R \rightarrow X$ のような反応がある場合には，R の濃度が小さくなるので戻りのピークは小さくなる．電極反応が完全非可逆反応 $O + ne^- \rightarrow R$ の場合は逆反応 $R - ne^- \rightarrow O$ が起こらないので，CV に戻りのピークはまったく現れない．一方，式(4.10) に示されるように，ピーク電流は $v^{1/2}$ に比例する．これが，1/2 次以上で比例すると，電極への吸着が示唆される．この場合にはピーク形状が一般により鋭くなる．電極に付着した難溶性物質が反応する場合，あるいは電着した金属が酸化される場合もこれに含まれる．

CV では電位を図 4.5(a) のように変化させて，1 サイクル後にはもとの電位に戻る．これに対して，電位掃引をⓒの位置で止めて，戻りの掃引を行わない方式をリニアスイープ（linear sweep）法という．一方，電位を物質が酸化

あるいは還元される一定の値に固定して，電流–時間曲線を測定する方法をアンペロメトリー（amperometry）とよび，定量操作によく使用される．この場合，電極（センサ電極（作用極），参照極，および対極）を溶液に挿入し，その溶液に一定量の試料を添加することで測定を行う．図4.6(a)に示した感度sは，濃度cの溶液についての応答I_1とベース電流I_0から求めることができる．いったんsが求まると，I_1-I_0の値から濃度未知試料の定量が可能になる．また，試料添加に伴う溶液体積の増加が小さい場合には，濃度既知試料の添加を繰り返すことで検量線を得ることができる（図4.6(b)）．

ボルタンメトリーの実験において電極の選択は重要である．白金（Pt）は触媒活性が高く，過酸化水素（H_2O_2）電極や酸素（O_2）電極などに使用される．炭素（C，カーボン）は導電性で，同素体が多く存在し，最近ではカーボンナノチューブやグラフェンなどの新素材も使われている．グラッシーカーボンなどのカーボン電極は水素過電圧が高く，還元方向で使いやすいのでよく使用される．金（Au）電極はとくにチオール化合物と安定な結合が生成されるので，酵素や抗体などによる表面修飾が必要な場合によく利用される．使い捨て可能（ディスポーザブル）なセンサ電極として使用されるのがスクリーン印刷を利用したカーボン電極である．カーボンインクにより作製したセンサチッ

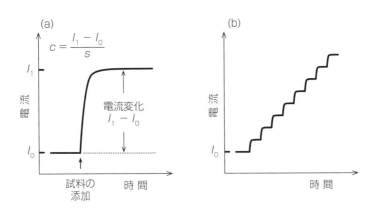

図 4.6 アンペロメトリー応答の例

一定の電位で電流を観測する．
(a) I_0：ベース電流，I_1：試料添加後の電流，s：センサの感度，c：試料の濃度．
(b) 複数回の試料添加時における応答．試料を添加するごとに階段状に電流が増加する．

プ（基板）が市販されている．電極材料については4.12節で詳しく解説する．

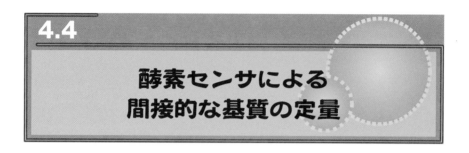

4.4 酵素センサによる間接的な基質の定量

酵素反応は基質に対する選択性が高いので，定量したい物質のみに応答するセンサが容易に作製できる．バイオセンサではトランスデューサーとして電極が使用されることが多いので，ここでは電気化学的なバイオセンサを例にとり説明する[2]．

乳酸（$C_3H_6O_3$）の酸化反応（式(4.12)）をバイオセンサに応用する場合を考えてみよう．まず，乳酸オキシダーゼ（酸化酵素）を含む酵素固定膜を電極の上に配置して乳酸センサを作製する（図4.7(a)）．酵素固定膜は酵素を電極

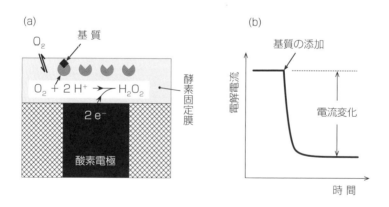

(a)

O_2

基質

$O_2 + 2H^+ \rightarrow H_2O_2$

酵素固定膜

$2e^-$

酸素電極

(b)

電解電流

基質の添加

電流変化

時間

図 4.7 間接定量型の酵素センサ（断面模式図）

(a) 最初，膜内の酸素は溶存酸素と平衡にある．酵素が基質と反応することにより膜内の酸素が消費され，酸素電極の電流は低下する．
(b) 酸素電極のアンペロメトリー応答；酸素電極の電流は基質の酵素反応に伴い減少する．

上に固定し，試料溶液中に散逸しないようにする．また，膜にすることで電極上での酵素濃度が高くなり，溶液中に加えるよりもきわめて少量で効果が期待できる．酵素固定膜は複数回使用でき，高価な酵素を使用する場合にはとくに効果的である．

$$\underset{乳\ 酸}{\underset{HOOC}{} \ \overset{\overset{CH_3}{|}}{\underset{|}{CH}} \ OH} \ + \ O_2 \ \xrightarrow{\ 乳酸オキシターゼ\ } \ \underset{ピルビン酸}{HOOC \ \overset{\overset{CH_3}{|}}{\underset{\|}{C}} \ O} \ + \ H_2O_2 \tag{4.12}$$

　一般に，酵素反応では基質とは別の物質が必要となったり，反応の結果，副生成物が生じたりする．そのため，これらの物質の濃度を測定することで基質を間接的に定量できる．酸化酵素（オキシダーゼ）では，溶存酸素（コラム"溶存酸素"参照）の還元により過酸化水素が発生するので，この現象を定量に利用できる．すなわち，酵素反応によって膜内の溶存酸素濃度は減少するので，この減少量を測定することで試料中の乳酸の量を知ることができる（図4.7(b)）．あるいは生成した過酸化水素の濃度を測定してもよい．このように，乳酸オキシダーゼを含む固定膜を酸素電極（図4.9(a) 参照）や過酸化水素電極（4.6節参照）の上に貼り付ければ，乳酸センサが作製できる．

　試料溶液中の乳酸濃度が大きい場合には，酸素濃度の減少が大きく，また，過酸化水素濃度の増加も大きくなる．このため，酸素電極や過酸化水素電極の応答（電解電流）を測定することで，乳酸に対する検量線が作成できる．また，酵素反応では水素イオン（H^+）が消費されたり，生成したりすることもしばしば起きる．この場合には酵素膜にpHの変化が起こるので，膜を密着させたpH電極で基質の濃度を間接的に知ることができる（4.8節参照）．

4.5

直接的な基質の定量

　電気化学的なバイオセンサに使用される酵素は酸化還元反応を触媒すること
が多い．この場合には，電解電流を測ることで標的物質の濃度を測定できるは
ずである．式(4.12) の反応も，式(4.13) で示される乳酸の酸化反応が酸素の
還元反応式(4.14) と組み合わさったものである．したがって，式(4.13) のよ
うな電子移動反応を利用するセンサが作製できれば，酸素や過酸化水素の定量
を行わなくても，電流により標的物質の濃度を知ることができる（図4.8
(a)）．このような直接電子移動が観測できれば，センサの構造は大幅に簡素化
できるので実用上のメリットが大きい．しかし，実際には直接電子移動は起こ
らないことが多く，たいていの場合，酸化還元可能な小分子（メディエー
ター；mediator）を仲介させることで測定している（図4.8(b)）．タンパク質
は絶縁体であり，また，一般に酵素の反応中心から電極までの距離は大きい．

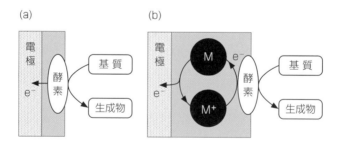

図 4.8　　酵素電極で起こる電子移動反応

（a）直接電子移動：酵素反応の結果生じた電子が直接電極に移動し，電流値から基質濃
　　度を知ることができる．
（b）間接電子移動：酵素反応の結果生じた電子がいったんメディエーター（M+）に渡
　　され，Mを通じて電極に渡される．電子移動はこれらの図とは逆方向のものも存
　　在する．

このために直接的な電子移動は困難と考えられている．いずれにせよ，図4.8に示すような形式の酵素センサであれば，電解電流から基質濃度を測定できる．メディエーターを使用するバイオセンサの詳細については4.7節で解説する．

$$\underset{H_3C}{\overset{COOH}{\underset{\;}{\overset{|}{\underset{|}{\overset{CH}{OH}}}}}} \longrightarrow \underset{H_3C}{\overset{O}{\overset{\|}{\underset{\;}{\overset{C}{COOH}}}}} + 2\,e^- + 2\,H^+ \tag{4.13}$$

$$O_2 + 2\,H^+ + 2\,e^- \longrightarrow H_2O_2 \tag{4.14}$$

4.6 酵素電極の反応機構

電気化学的なバイオセンサの場合，レセプターと標的物質の反応は電気信号として取り出される．計測はアンペロメトリーやポテンショメトリー（2.1節のイオン選択性電極を参照）などの手法で行う．初めて開発されたバイオセンサはクラーク（Clark）型酸素電極を用いたものである．クラーク型酸素電極は白金平板電極を作用極とし，Ag|AgCl電極などを対極とした二極式の電解セルからなり，電極表面が酸素（O_2）透過性の膜により被覆されている（図4.9(a)）．この電極を水溶液中に浸漬し，白金電極に-0.6 V（Ag|AgCl極に対して）の電圧を印加する．このとき，酸素透過膜を通って白金電極上に到達したO_2が電気化学的に還元される．

$$O_2 + 2\,H^+ + 2\,e^- \rightleftharpoons H_2O_2 \tag{4.15}$$

単位時間あたりで考えると，溶存酸素の分圧が大きいほど膜を通過するO_2の物質量が増える．このため，水溶液中の酸素分圧に応じた電流が電極に生じ

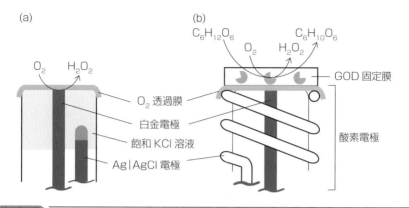

図 4.9 センサの構成概略図

(a) クラーク型酸素センサ.
(b) (a) の上に GOD 膜を配置した酵素センサ (実際には, グルコースの酸化やそれに
   伴う酸素の消費は, 図 4.7(a) で説明したように GOD 固定膜内で起こる).

る. このようなタイプの電極を一般的にクラーク型酸素電極とよぶ. Updike
や Hicks はクラーク型酸素電極をグルコースセンサに応用した[3]. グルコース
オキシダーゼ (GOD) をアクリルアミドゲルに包括した酵素固定膜 (膜厚 25
〜50 μm) を, 酸素透過膜の上に配置した構造であった (図 4.9(b)). このセ
ンサは, GOD がグルコース (ブドウ糖, $C_6H_{12}O_6$) (コラム参照) を特異的に
認識し, O_2 との反応を触媒することを利用している. 試料溶液に含まれる基
質グルコースと O_2 は GOD により反応し, 式(4.16)に従いグルコノラクトン
($C_6H_{10}O_6$) と過酸化水素を生成する.

$$C_6H_{12}O_6 + O_2 \xrightarrow{\text{GOD}} C_6H_{10}O_6 + H_2O_2 \tag{4.16}$$

試料溶液中にグルコースが存在すると式(4.16)の反応により O_2 が消費さ
れ, 電極に到達する酸素量が減少する. この結果, O_2 の還元電流 (式(4.
15)) は減少するので, アンペロメトリーによる O_2 の定量が可能となる (図4.
9(b)). つまり, 反応物の O_2 に着目することで, 標的となるグルコースの定
量が可能になる. このときのアンペロメトリー応答は図4.7(b)のようにな
る.
　一方, 式(4.16)の生成物 H_2O_2 を測定してもグルコースが定量できる. こ

コラム　グルコースと血糖値センサ

　グルコース（glucose）はブドウ糖ともよばれ，水中ではおもに以下のα型，およびβ型として存在する．他の異性体（開環した鎖状構造など）は1%未満とされる．

α-グルコース，38%　　　　　β-グルコース，62%

　グルコースは血糖としてわれわれの体内を循環している．血糖値の高い状態が長期にわたり持続する病気が糖尿病である．高血糖が続くと血管が脆くなるなどの障害が起こり，成人病の一因となる．糖尿病患者は血糖値を下げるため，自身でインスリンを注入することが必要である．一方，過剰量の注入は低血糖をひき起こしてショック状態に陥るのできわめて危険である．このため，インスリンの注入は適量である必要があり，血糖値測定用のバイオセンサが必要となる（8.1節に詳しく記載）．

　の場合には過酸化水素電極を用いる．式(4.16) に従い，グルコース濃度に応じた過酸化水素が生じ，透過性膜を通過した過酸化水素が白金電極で酸化される．このとき+0.7 V（*vs.* Ag|AgCl電極）程度の電圧を印加する．

$$H_2O_2 \longrightarrow O_2 + 2H^+ + 2e^- \tag{4.17}$$

　グルコースが酸化されると，反応式(4.16) に伴い電極上の過酸化水素が増大し，酵素固定膜から電極に向かって過酸化水素が拡散してくる．その結果，電流は増大してしばらくすると定常値に達する（図4.10(a)）．グルコースを水溶液に添加する前の電流（バックグラウンド電流）と定常値の差よりグルコースを定量する（図4.10(b)）．また，電流応答の時間微分値（dI/dt）の極大値を用いた定量は定量値の算出を容易にする（図4.10(c)）．

　酸素電極や過酸化水素電極に使用される白金電極は活性が高いため，試料中

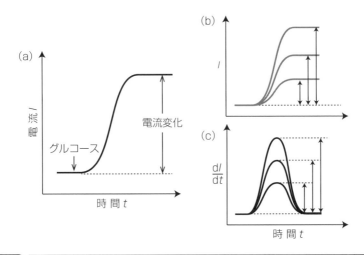

図 4.10 過酸化水素電極で得られるアンペロメトリー応答

(a) 酵素反応により生成した過酸化水素に応じて電流は上昇して一定となる. 酸素電極を用いた場合（図 4.7(b)）とは逆向きの応答となる.
(b) バックグラウンド電流と定常電流の差に着目した定量.
(c) 時間微分値に基づいた定量.

に共存するさまざまな酸化還元物質が電解電流を与え，誤差を生じる可能性がある．とくに過酸化水素の酸化には高い電位（+0.68 V *vs.* SHE）の印加が必要となるため，試料中に共存する有機物などが電解される恐れがある．したがって，これらの電極では共存物質による影響を除くため，白金表面を O_2 や過酸化水素の透過膜で覆って選択的な測定を行う．

4.7

電子メディエーター

4.5 節で述べたように酵素からの直接電子移動は起こりにくいので，電子メ

ディエーターを用いる方法がよく用いられる（図 4.8(b) 参照）．式 (4.16) の反応において，酸素の代わりにヘキサシアノ鉄 (Ⅲ) 酸イオン（$[Fe(CN)_6]^{3-}$）を電子受容体（$+0.36$ V *vs.* SHE）とすることで，GOD から生じた電子を電極まで仲介させることが可能となる（式 (4.18)，(4.19)）．この場合，$[Fe(CN)_6]^{4-}$ イオンおよび $[Fe(CN)_6]^{3-}$ イオンがメディエーターとして機能している．グルコースの酸化反応において，酸素とメディエーターの違いは，前者では反応は 1 回かぎりであるが，後者では電極で再生されることにあり，安定した電子移動が継続する．

$$C_6H_{12}O_6 + 2\,[Fe(CN)_6]^{3-} \xrightarrow{\text{GOD}} C_6H_{10}O_6 + 2\,H^+ + 2\,[Fe(CN)_6]^{4-} \quad (4.18)$$

グルコース　　　　　　　　　　　　　グルコン酸

$$[Fe(CN)_6]^{4-} \rightleftharpoons [Fe(CN)_6]^{3-} + e^- \quad\quad\quad (4.19)$$

2 つの反応式を見てわかるように，グルコースで還元された $[Fe(CN)_6]^{4-}$ は電極で酸化されて $[Fe(CN)_6]^{3-}$ に戻り，グルコースの酸化にふたたび使用される．このように $[Fe(CN)_6]^{4-}$ と $[Fe(CN)_6]^{3-}$ は図 4.8(b) の例のように連続的な電子移動サイクルを形成する．式 (4.18) と式 (4.19) を足し合わせると，正味の反応としては式 (4.20) のようにグルコースが電極で直接酸化される形になることがわかる．

$$C_6H_{12}O_6 \xrightarrow{\text{GOD}} C_6H_{10}O_6 + 2\,H^+ + e^- \quad\quad\quad (4.20)$$

このようにメディエーターを用いることで，電子数（電流）からグルコースの定量が可能となる．電子メディエーターとしては，ヘキサシアノ鉄 (Ⅱ/Ⅲ) 酸イオンのほか，フェロセン誘導体やキノン化合物など，可逆的電子移動を起こす物質が用いられる．電子メディエーターを用いたグルコースセンサでは電子移動速度が大きいため電流応答が増大し，高感度なセンシングが可能になる．また，生体内では溶存酸素の濃度が変動するが，その変動による誤差も生じにくい．さらに，電位を適切に選ぶことで共存物質の影響を低減できる可能性がある．

グルコースデヒドロゲナーゼ（GDH）は，生体内での電子伝達を担うピロ

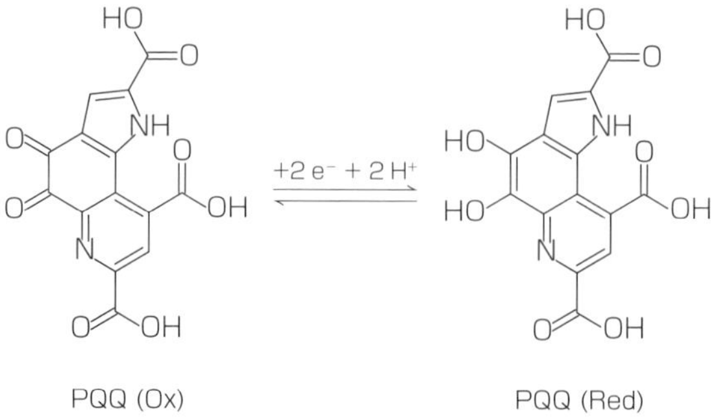

PQQ (Ox)　　　　　　　　　　　PQQ (Red)

図 4.11 PQQ の酸化還元メカニズム

ロキノリンキノン（PQQ）やフラビンアデニンジヌクレオチド（FAD；図3.
5参照）などの酸化還元補酵素を有する．このため，GDH を用いたセンサは，
溶存酸素による影響を受けることなくグルコースの計測が可能になる．図4.
11 に示すように，PQQ の酸化型（Ox）と還元型（Red）の間にはキノン/ヒ
ドロキノン型の電子移動が存在する．このため，グルコースと GDH の反応に
より PQQ の酸化型（Ox）が還元型（Red）になる．

$$C_6H_{12}O_6 + PQQ(Ox)\text{-}GDH \longrightarrow C_6H_{10}O_6 + PQQ(Red)\text{-}GDH \quad (4.21)$$

　　グルコース　　　　　　　　　　　　　グルコン酸

この反応においては PQQ が電子受容体となるため，溶存酸素の影響は除外で
きる．このとき，ヘキサシアノ鉄(III)酸イオン（$[Fe(CN)_6]^{3-}$）が存在すると
メディエーターとして機能する．還元型の PQQ（Red）がヘキサシアノ鉄(III)
酸イオンをヘキサシアノ鉄(II)酸イオン（$[Fe(CN)_6]^{4-}$）に還元し，自身は酸
化型 PQQ（Ox）になるため，式(4.19) に基づき電極に電子を渡す．

$$PQQ(Red)\text{-}GDH + 2\,[Fe(CN)_6]^{3-} \rightleftharpoons$$
$$PQQ(Ox)\text{-}GDH + 2\,[Fe(CN)_6]^{4-} \quad (4.22)$$

　酵素はその種類が 4000 以上に及び，生体内で起こる反応を選択的に触媒す
るタンパク質である．したがって，酵素をレセプターとするとさまざまな基質
を標的物質として選択できるうえ，試料に含まれる夾雑物の影響を排除でき

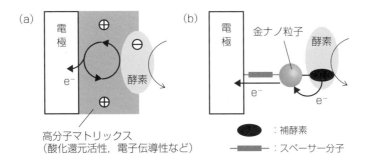

図 4.12 酵素電極の機能化

（a）機能性高分子による酵素の固定化.
（b）酵素の配向性と電子移動を効率化した酵素電極.

る．すなわち，酵素と電子メディエーターとの組合せにより，多様なセンサデバイスの設計が可能となる．詳しくは後述（4.12節）するが，作用極としては白金や金，炭素など，導電性を有し化学的に安定な材料であれば材質や形状に制限はない．したがって，センサの使用目的や環境に合わせて自由度の高い設計が可能である．

　導電性ポリマー（ポリピロール）をマトリックスとし，GOD を包括固定した電極は，マトリックスがもつ酸化還元活性や電子伝導性が酵素と電極間の電子移動を媒介することから，迅速で高感度な応答を得ることができる（図4.12(a)）．したがって，新たに電子メディエーターを添加する必要がない．同様にして，テトラチアフルバレン–テトラシアノキノジメタン（TTF-TCNQ）のような電荷移動錯体や金ナノ粒子（AuNP）を用い，電極への電子移動を誘導する工夫がされている．

　Willner らは，AuNP 表面にフラビン補酵素を修飾した電極を開発し（図4.12(b)），この補酵素にアポ型グルコースオキシダーゼを結合させてホロ型（式(3.1) 参照）とした[4]．この配置では酵素のすぐ近傍に電子の中継地が確保できるので，酵素から電極への直接的な電子移動が可能となった．この電極では，AuNP が酵素を一定方向に配向させるとともに，活性中心からの電子移動を高効率で仲介した．このように，固定法だけでなく，活性中心から電極までの電子移動経路を分子レベルで設計することにより，センサの簡素化と性能

向上が期待できる.

ポテンショメトリーを用いる
バイオセンサ

　ポテンショメトリックセンサの原理についてはすでにイオン選択性電極として Chapter 2 で述べたので，本節ではこのセンサをトランスデューサーとして利用する方法について説明する[5]．ポテンショメトリックセンサはボルタンメトリックセンサとは異なり電極に電流を流さない．すなわち，指示電極（標的物質の測定用電極）と参照電極の間の電位差を高入力抵抗の電位差計（電圧

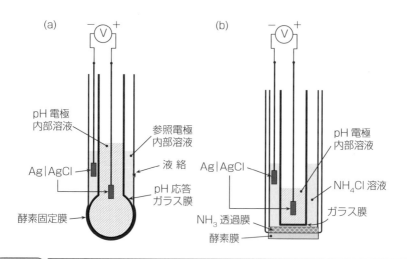

（a）pH電極内部溶液　　Ag|AgCl　　酵素固定膜　　参照電極内部溶液　　液絡　　pH応答ガラス膜

（b）Ag|AgCl　　NH₃透過膜　　酵素膜　　pH電極内部溶液　　NH₄Cl溶液　　ガラス膜

図 4.13　ポテンショメトリックバイオセンサの構造

（a）pHガラス電極を利用する酵素センサ．（b）アンモニア電極を利用する酵素センサ．
両方のセンサとも参照電極と指示電極が一体化されているため見かけ上は1本の電極であるが，実際には指示電極，参照電極からなる独立した2本の電極である．

センサの出力抵抗と測定器の入力抵抗

　pH ガラス電極やイオン選択性電極のようなポテンショメトリックセンサは電池の一種であるが，電力発生用のリチウム電池などと異なり，出力抵抗（内部抵抗）が非常に大きい（2.1.3(3)(a) 項 ガラス膜電極を参照）．このため，電位の測定には電流を流さないように注意する必要がある．

　図 A に示すセンサには出力抵抗 R_{out} があるので，測定器（電圧計）の入力抵抗 R_{in} が重要となる．R_{out} によりセンサ本来の出力電圧 V は V_{obs} に低下する．このとき，回路に流れる電流 I が大きい（R_{in} が小さい）と，出力抵抗による電圧低下が無視できなくなり，測定値には R_{out} による誤差が発生する．すなわち，

$$I = \frac{V_{obs}}{R_{in}}$$

であるので，これを図中の式に代入すると，

$$V_{obs} = V \times \frac{R_{in}}{R_{in}+R_{out}}$$

が得られ，$|V_{obs}| < |V|$ となる．ただし，R_{in} が R_{out} に比べて十分に大きい場合には R_{out} は無視でき，

$$V_{obs} = V$$

となるので，出力抵抗による誤差はなくなる．最近の電圧計（図 B，pH メーターなど）は初段に FET（4.16 節参照）を用いているので R_{in} が非常に大きく，R_{out} の大きいガラス膜電極でも誤差が少なくなった．

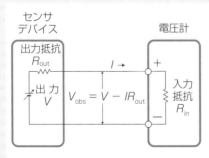

図 A　出力抵抗と入力抵抗の関係

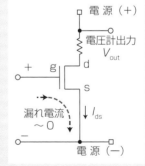

図 B　FET を用いた電圧計回路（簡略図）
g-s 間の抵抗が R_{in} に相当する．g-s 間に流れる電流が 0 になると，$R_{in}=\infty$ となる．この電圧計の機能はインピーダンス変換である．

計）で測定する（コラム参照）．バイオセンサの場合，酵素固定膜電極を指示電極として，参照電極に対する電位差を測定する（図4.13）．

酵素反応のボルタンメトリックセンサを作製する場合，反応で消費あるいは副生される物質は酸化還元活性をもつ必要があった（4.4節）．しかしながら，これらの物質が酸化還元活性をもたない場合には，ポテンショメトリー（電位差測定法）が候補になる．電位差測定で使用するセンサは，pH電極などを酵素固定膜で被覆して作製される．以下にポテンショメトリックセンサの例を示す．

（A）pHガラス電極

図4.13(a) に示すように，pHガラス電極を酵素固定膜で覆うことで，バイオセンサになる．尿素センサの場合，尿素の加水分解（式(4.23)）によりアンモニウムイオン（NH_4^+）が生成するので，pHガラス電極で測定できる．ウレアーゼはゼラチンやグルタルアルデヒドを用いてpHガラス電極上に固定する．固定化に関する説明はChapter 5に詳しく述べる．ペニシリンの加水分解反応（式(4.24)）はペニシリナーゼによって触媒され，ペニシロ酸を生じるので，この場合にもpHガラス電極で定量できる．

$$CO(NH_2)_2 + 2\,H_2O \xrightarrow{\text{ウレアーゼ}} 2\,NH_4^+ + CO_3^{2-} \tag{4.23}$$
尿 素

ペニシリン　　　　　　　　　　　ペニシロ酸

$$\tag{4.24}$$

（B）アンモニア電極

アンモニア（NH_3）電極は，内部にpHガラス電極が挿入されている（図4.

13(b)).解離平衡 $NH_4^+ \rightleftharpoons NH_3 + H^+$ より,アンモニウムイオンの酸解離定数 K_a は以下の式で表される.

$$K_a = \frac{[NH_3][H^+]}{[NH_4^+]} \tag{4.25}$$

したがって,両辺の対数をとると,

$$\log_{10}[NH_3] = \log_{10}[NH_4^+] + pH - pK_a \tag{4.26}$$

アンモニア電極中の塩化アンモニウム(NH_4Cl)溶液は十分に大きい濃度に調製してある.このため,NH_3 透過膜を通じて NH_3 が電極内部に入ってきても NH_4^+ の濃度はほとんど変化せず,定数と見なせる.pK_a も定数(=9.26)であるので,式(4.26)は結局,式(4.27)で表されることとなり,pH 変化が NH_3 の濃度変化となる.

$$\log_{10}[NH_3] = pH + 定数 \tag{4.27}$$

アンモニア電極において,ガラス膜と NH_3 透過膜の隙間は狭いので,透過膜から生じる NH_3 濃度の変化(pH 変化)はすぐに pH ガラス電極に伝えられる.ただし,図 4.13 の NH_3 透過膜はガス透過膜であるので,測定は高い pH で行う必要がある.

　アンモニアが生成する酵素反応は多いが,以下にアデノシンの例を示す.アデノシンは酵素のアデノシンデアミナーゼにより NH_3 を生じるので,溶液中のアデノシンをアンモニア電極で定量できる.尿素はウレアーゼ酵素膜を取り付けたアンモニア電極で定量されている.

$$\tag{4.28}$$

(C) ヨウ化物イオン電極

酵素反応により生成する過酸化水素はヨウ化物イオン（I⁻）で還元されるので，残存する I⁻ をヨウ化物イオン電極で測定する．

$$H_2O_2 + 2I^- + 2H^+ \longrightarrow I_2 + 2H_2O \tag{4.29}$$

4.9

光吸収と発光の理論

電気化学と同様によく利用されるのが，吸光や発光などの光学現象である．分子が基底状態から光子を吸収して励起状態に遷移する過程を考えよう．光子が分子に吸収されるので，透過光の強度（I_t）は入射光の強度（I_0）よりも小さくなる．この光吸収はよく知られたランベルト–ベール（Lambert–Beer）の法則で表され，吸光度 A は吸光物質の濃度 c と以下の関係がある．

$$A = \log_{10}\left(\frac{I_0}{I_t}\right) = \varepsilon c d \tag{4.30}$$

ここで，ε はモル吸光係数（L mol⁻¹ cm⁻¹），d は光路長（cm）である．

発光現象（蛍光）は感度が高いため，現在ではさまざまなラベル化剤（6.1節参照）が市販されている．光の吸収により励起された分子は，基底状態に戻るときにエネルギーの放出が起こる．このエネルギー放出過程の1つが蛍光やりん光の放射である（図4.14）．蛍光は励起一重項状態から生ずる．これに対してりん光は，励起一重項状態から項間交差を経て励起三重項状態からの発光過程である．三重項状態から基底状態（一重項状態）への遷移はスピン禁制であるので，りん光の発光時間は蛍光に比べると長い．一方，蛍光分子との相互作用により蛍光強度を減少させる分子があり，そのような分子は消光分子とよばれる．蛍光物質の濃度が一定の条件では，消光の程度により消光分子を定量

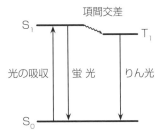

図 4.14　光励起と吸光，発光現象の関係

分子 A の基底状態を S_0，励起一重項状態を S_1，励起三重項状態を T_1 で示す．実際には振動状態の影響があるため，蛍光のエネルギーは吸収のエネルギーよりも小さくなる（蛍光のバンドは吸光バンドより長波長に現れる）．

することも可能である．

蛍光強度 F は，低濃度においては蛍光物質の濃度 c に比例する．

$$F \propto I_0 \varepsilon c \phi \tag{4.31}$$

ここで，I_0 は励起光強度，ε は蛍光物質のモル吸光係数，ϕ は蛍光物質の蛍光量子収率（＝放出された光子数/吸収された光子数）である．式(4.31)を見ると，蛍光強度は光吸収の効率と関連していることがわかる．ただし，この式は高濃度になると濃度消光，蛍光の再吸収などにより成り立たなくなる．

4.10　光学センサの機構

　光を利用するバイオセンサは数多く報告されている．吸光光度法（$S_0 \rightarrow S_1$；図 4.14）によるセンサは構造を簡潔にできるが，測定波長においてセンサ自体の光吸収が大きくならないように注意する必要がある（図 4.15(a)）．当然，標的物質がレセプターに結合することにより，膜が変色する仕組みを導入

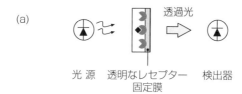

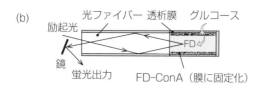

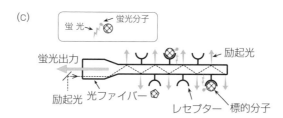

（a）吸光度分析に基づく検出.
（b）光ファイバーを利用する蛍光検出グルコースセンサ[5,7]．FD-ConA：本文参照.
（c）エバネッセント波を利用する光ファイバーセンサ[8]．

する必要がある．測定装置は通常のスペクトロメーターと基本的に同じであるが，モバイル機器の場合には装置の簡略化と消費電力の低減のために，発光ダイオードやフォトダイオードなどが用いられる場合が多い（4.19 節参照）．ここに述べた吸光光度法のほかにも，表面プラズモン共鳴法（図4.27 参照）はよく利用される．

　光学的なバイオセンサでは光ファイバーを利用することも多い．光ファイバーを用いる測定システムはしばしばオプトード（optode）とよばれる．通常のスペクトル計は外部からの光を遮へいするなどの工夫が必要で小型化が困難であり，また，検出系（光学セル）の配置における自由度も小さい．これに対して，光ファイバーは屈曲可能な光導波路として利用できるため，セル（プローブ）の配置に自由度が増す．同時に検出系の小型化も可能になるので，リ

モートセンシングや生体内での測定などにも適している．

　光ファイバーを用いるシステムでは，吸光測定，反射光測定，蛍光測定が使用できる（図4.15(b)，(c)）．蛍光検出は高感度であり，夾雑物の影響も受けにくいので光学センサにはよく使用される．図4.15(b) はグルコースセンサの例である[5-7]．光ファイバーの先端部には透析膜のチューブを装着する．透析膜の内側にはコンカナバリンA（concanavalin A：ConA）というタンパク質が固定されていて，このタンパク質はグルコース（コラム"グルコースと血糖値センサ"参照）やデキストラン[†]などの糖類と特異的に反応する．まず，このチューブを，蛍光色素のフルオレセイン（fluorescein；図6.2(a) 参照）を結合したデキストラン溶液（FD＝dextran-fluorescein 会合体）で満たす．すると，FDと透析膜に固定されたConAが結合する．透析膜チューブを洗浄した後，光ファイバーに連結して先端を封じる．このチューブをグルコース試料溶液に浸漬すれば，FDとグルコースの間で交換が起こり，試料中のグルコース（glc）に相当する物質量のFDがチューブ内の溶液に解離する（式(4.32)）．式(4.32) でConA⊣ は透析膜に固定されたConAを示す．

$$FD\text{-}ConA\text{-}\!\!\dashv + glc \rightleftharpoons glc\text{-}ConA\text{-}\!\!\dashv + FD \tag{4.32}$$

このとき，励起光はチューブの中央部に集中しており，膜に固定されたFDから発する蛍光の影響は小さい．そのため，遊離したFDがおもに蛍光を発し，グルコースが定量できる．このセンサでは血漿グルコースの$0.5 \sim 4$ mg mL^{-1}が定量でき，15日間の繰返し測定が可能と報告されている[6]．

　光ファイバーを利用する場合には励起光の全反射によりファイバーの表面に染み出す光（エバネッセント波）を利用して蛍光分子を励起できる（図4.15(c)）[7,8]．エバネッセント波は光学的に疎な物質側に漏れる光で，今の場合，光ファイバーの外側に生じる．この漏れの距離は波長に依存するが，可視光では$100 \sim 200$ nm 程度であり，この光により光ファイバーの外側に修飾した物質の励起が可能となる．このため，レセプターと結合後，標的分子を蛍光分子

---

†　デキストラン（dextran）：グルコースのみからなる多糖類の一種で，α-D-1,6-結合を主体とする枝分かれのあるα-D-グルカン．乳酸菌の一種が生産する．

（蛍光ラベル，蛍光タグ）でラベル化しておく．抗原抗体反応の場合には後述するサンドイッチ法（図6.12参照）を利用して蛍光ラベル化する．このセンサでは，レセプターに結合している標的分子のみが励起されて蛍光を発する．蛍光は全空間に向かって放出されるので，一部が光ファイバー内で全反射し，図4.15(c) のように外部に取り出すことができる．この機構ではレセプターと結合した標的分子のみが蛍光を発するので，ファイバーから取り出される蛍光の強度を測定することで標的分子を定量できる．

4.11 トランスデューサーの概要

　レセプターと標的物質の結合による化学的変化を，電気や光などの物理信号に変換する部位をトランスデューサーという（図3.1 参照）．トランスデュー

| 表4.1 | 使用されるおもなバイオセンサ・トランスデューサーの形態 |

形　状	材　質	特　徴	応用例
平板や線	貴金属，卑金属，炭素	長期安定性やある程度の面積が必要な場合に使用	電気化学センサ用電極
薄　膜	貴金属/担体（ガラス，プラスチック，水晶振動子）	スパッタ，蒸着，無電解めっき，ナノ粒子固定などによる金属薄膜	電気化学センサ，SPRセンサ，QCMセンサなどのディスポーザブルチップ
メッシュや多孔質材料	貴金属，卑金属，炭素	大面積を必要とする場合．クロス，ウール，フェルトなども含まれる．	電気化学センサ用電極
プリント技術を用いた微小薄膜	貴金属，卑金属，炭素/担体（ガラス，プラスチック）	担体上への微小薄膜形成により，高精度かつ高機能な電極，支持体が作製可能	電気化学センサのディスポーザブルチップ

SPR：表面プラズモン共鳴（4.19節参照），QCM：水晶振動子マイクロバランス（4.18節参照）．

サーが機能する条件は一般に限定されるので，レセプターの種類に応じて最適なものを選択する必要がある．また，長期安定性に優れたトランスデューサーが必要となる一方で，ディスポーザブル（使い捨て可能な）トランスデューサーが必要となる場合もある．このように，必要とされるトランスデューサーは，使用目的によっても異なる．トランスデューサーの選択に際して考慮すべき項目を表4.1に挙げる．

4.12　電極材料

　電気化学法によりバイオセンシングを行うためには，まず目的の反応を作用極で起こさせる必要がある．作用極としてよく使用される材料について表4.2にまとめる．化学的に安定な貴金属は電極材料として有用であるが，反面，高価であるため，合金化や薄膜化により使用量の低減が必要になることが多い．また，代替材料として炭素材料もよく使用される．実際の選択にあたっては，電極だけでなく支持電解質，溶媒の組合せから生じる電位窓にも留意する必要がある（図4.16(a)）．電位窓とは電極や溶媒，支持塩が酸化還元されない電位範囲をさす．つまり，電位窓の外の電位では，これらによる電解電流がきわめて大きくなるため，電気化学観測が困難になる．

　水溶液中では，水自体が水素（H_2）へ還元されたり酸素（O_2）に酸化されたりする．電気化学反応が起こる電位は熱力学的な標準酸化還元電位（巻末付表）とは異なることがあり，さらに電位（エネルギー）が必要となることが多い．この電位の違いを過電圧というが，過電圧は電極材料によって異なる（図4.16(b)）．水素や酸素の生成に対する過電圧が小さいと電位窓が狭くなり，センサの利用には不利である．図に示すように，白金電極では水素の過電圧が小さいので水の還元反応が起こりやすく，還元反応の観測には不向きである．

表 4.2		電気化学センサに使用される電極

材　質	特　徴	その他
貴金属	化学的に安定．高価	Au，Ag，Pt
卑金属	安価であるが，酸化されやすい場合がある	Ti，Cr，Fe，Ni，Cu，Zn，Ta，W，Al，Sn，Pb，Bi など
合　金 　　ステンレス	Cr，Ni，Fe などを含み耐食性を示す．組成により性質が異なる	例）SUS304：Cr(20%)/Ni(10%)/Mn(2%)/Si(1%)/Fe(67%)
アマルガム	Hg と他の金属との合金．Hg の電気化学特性を有する．電位窓が広がる	Au，Cu，Ag，Pt などに Hg を塗りつける
積層材料 　　めっき	卑金属に貴金属を，または絶縁材料表面に金属をめっきする．導電性，防食や機能性を付与する	電解めっき：貴金属/卑金属 無電解めっき：貴金属/卑金属/プラスチック ナノ粒子めっき：金属ナノ粒子/プラスチック，ガラスなど
酸化物 　　n 型半導体酸化物	化学種の吸着や反応により電気抵抗が変化する	TiO_2，SnO_2，In_2O_3，ZnO，Fe_2O_3，PbO_2，MnO_2，WO_3 など．おもにガスセンサに用いられる
透明導電ガラス	光透過性をもつため光学センサにも使用される	次の薄膜をガラス板上にコートする．（ITO：$In_2O_3 \cdot SnO_2$），（ネサ：SnO_2）（FTO：フッ素ドープ SnO_2 など）
炭　素 　　グラファイト 　　（黒鉛）	電位窓が広い	sp^2 結合炭素からなる層状構造体
改質グラファイト（GRC）	電位窓が広い．耐薬性が高い	グラファイトを 70% 程度含む樹脂の焼結により得られる．エッジ構造が多い
プラスチックフォームドカーボン（PFC）	電位窓が広い．耐薬性が高い	グラファイトを 30% 程度含む樹脂の焼結により得られる．表面はベーザル構造，断面はエッジ構造が多い
グラッシーカーボン（GC）	電位窓が広い．耐薬性が高い	ガスや液体に対して不透過性のガラス状炭素．水素・酸素過電圧が大きい
ホウ素ドープダイヤモンド	電位窓が非常に広く，バックグラウンド電流が小さい	炭素電極中最も水素・酸素過電圧が大きい
カーボンペースト	電位窓が広い．成形が簡単で再現性に優れる	パラフィンオイルにグラファイト粒子，その他を混ぜたもの

(a)

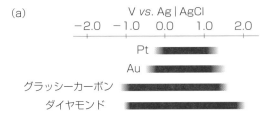

(b)

図 4.16　各電極における電位窓（a）と酸素および水素の過電圧（b）

このため，金属イオンの還元には利用できないことが多い．これに対して，水銀電極では水素発生に対する過電圧がきわめて大きいので電位窓が負電位方向に広く，亜鉛イオン（Zn^{2+}）の還元も観測できる．また，炭素材料は比較的過電圧が大きく，電位窓が広い．このため，安価であることも相まってバイオセンサには広く用いられる．とくに，カーボンインクを用いたスクリーン印刷法（4.14 節参照）はガラスやプラスチックなどの担体の表面にさまざまな形状の電極を印刷技術により形成できることから，使い捨て（ディスポーザブル）電極に多用される．

4.13

微小電極

　電極で物質が電解されるとその表面濃度は小さくなる．このため，溶液内部から電極表面への物質移動（拡散）が起こるが，この様式は電極の大きさに依存する（図4.17）．電極が大きいときには平面拡散（垂直移動）の寄与が大きい．ただし，電極の直径が 10 μm 程度以下になると，横方向からの寄与が増大するので球面拡散となる[9]．このため電極への物質輸送効率（単位時間，単位面積あたりに電極に到達する物質量；フラックス）が格段に向上する．つまり，電極面積が小さくなるため電流の絶対値は減少するが，電流密度（電解電

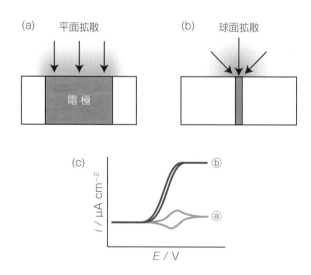

図4.17　通常サイズの電極（a）と微小電極（b）における物質拡散の違いおよびサイクリックボルタモグラムの例（c）

（c）ⓐ通常サイズ，ⓑ微小サイズの電極．縦軸は電流密度．

流/電極面積）は1桁程度も増加する．この場合，通常の掃引速度（0.1 V s^{-1} 程度）では，サイクリックボルタンメトリー（CV；4.3節参照）において ピークが消滅し，シグモイド型のボルタモグラムが得られる（図4.17(c) ⓑ）．また，電気二重層の充電電流が電解電流に比べて小さくなるので，高速 な電位走査（>10^5 V s^{-1}）が可能となり，短寿命な反応中間体の検出にも応用 できる．さらに，電解電流が小さいため，Ag|AgCl 電極を対極として2電極 での測定が可能となる，支持塩濃度を小さくできるなど，多くの利点が報告さ れている．微小電極はマイクロメートル径の金属線をガラス毛管に入れ，バー ナーで軽く炙りながら封管した後，研磨して作製することができる．

　このように微小電極は，通常使用されるミリメートルサイズの電極にはない 多くの特徴を有しており，とくに電極の大規模なアレイ化[†]に対しては不可欠 な技術となる．

4.14

プリント電極

　これまでの例では，電極材料をそのまま絶縁材料（ガラス管や樹脂チュー ブ）に封入した電極を前提として説明してきた．これに対して近年では，ガラ スや樹脂などの絶縁性基板の表面に，導電材料を印刷や蒸着により導入するプ リント電極の使用が増えている．プリント電極ではさまざまな形状をもつパ ターンが容易に作製でき，大量生産に向いているうえ，ディスポーザブル化も 容易である．各種金属，カーボン素材などを用いたプリント電極は，作用極や 対極，参照極を1チップ上に集積できるため，微量試料のセンシングや組込み

[†]　一つの基板上に多数の微小電極を配置して，多種類の標的物質を一度に定量す ることを意図した技術．

用途に有用である．

　このようなチップ電極はスクリーン印刷やインクジェット印刷の技術を用いて容易に作製できる．また，貴金属の使用量が低減できるため安価であり，ディスポーザブル化に向いている．スクリーン印刷により電極を作製するには，まず，パターンを焼き付けたスクリーン版に導電性インク（グラファイト粉末含有インクなど）を乗せる．次に，スキージとよばれるゴムへらを用い，パターン孔の開いたスクリーン版にインクをすき込む．このようにして，スクリーン版より染み出た導電性インクが基板表面に転写される．一方，インクジェットプリンターを利用する場合には，光硬化性樹脂インクをITO（表 4.2 参照）などの導電性基板上に転写してパターンを描く．その後，光照射により樹脂を硬化させると樹脂部分が絶縁体となるので，未被覆の部分が電極として機能する．また，ペースト状の銀インクを用いて絶縁性基板にインクジェットプリンターで描画した後，熱硬化させることで導電性パターンを形成することも可能である．

　このような印刷技術を用いると，複雑で微細な形状を有する電極パターンが安価かつ大量に製作できる．プリント電極の例を図 4.18 に示す．(a) は 2 電極の例であるが，(b) のように参照電極のパターンを追加し，その上に Ag｜AgCl インクを塗布すると三極式のチップが作製できる．

　微小くし型電極（図 4.18(b)）は対向する一対のくし型電極からなる．基板には対極（CE）および参照極（RE）に加えて，電極幅，ギャップともに 10 μm 程度の一対のくし型作用極（WE1，WE2）が一体成型されており，これらの電極を覆うように試料溶液（数マイクロリットル）を滴下するだけで電気化学測定をすることができる．この電極では，限られたスペースに微小電極（4.13 節参照）が多数組み合わされている．このため，微小くし型電極は他の形状をもつ電極に比べ高感度な計測が可能である．

　微小くし型電極では，WE1 を還元電位に設定し，WE2 を酸化電位にすると，隣り合う電極間で酸化還元を繰り返し起こすことができる（レドックスサイクリング）．このことを利用して，酸化還元反応 $O + ne^- \rightleftharpoons R$ が可逆な（双方向に反応が起こりえる）場合には，高感度な測定を行うことができる．WE1 を標的物質の還元電位に設定し，WE2 をその酸化電位に設定すること

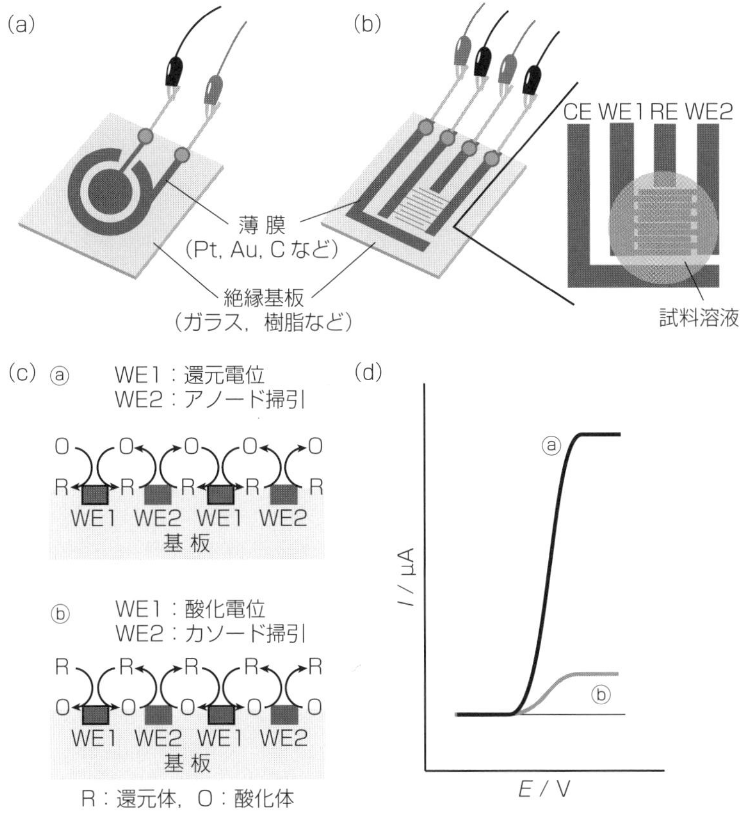

(a)

(b)

CE WE1 RE WE2

薄膜
(Pt, Au, C など)

絶縁基板
(ガラス，樹脂など)

試料溶液

(c) ⓐ WE1：還元電位
WE2：アノード掃引

O O O O O
R R R R R
WE1 WE2 WE1 WE2
基 板

ⓑ WE1：酸化電位
WE2：カソード掃引

R R R R R
O O O O O
WE1 WE2 WE1 WE2
基 板

R：還元体，O：酸化体

(d)

I / μA

ⓐ

ⓑ

E / V

図 4.18 プリント電極の例

(a) リングディスク電極.
(b) くし型電極.
(c) くし型電極での電流増幅機構，一方の電極を標的物質のⓐ還元電位，ⓑ酸化電位に
設定した場合の電気化学サイクリング.
(d) くし型電極で得られるボルタモグラムの例，ⓐ一方の電極に標的物質の還元電位
を印加した場合（(c)ⓐに対応）とⓑ電位印加のない場合.

で，WE2 で酸化体 O が再生され（図 4.18(c)ⓐ），これにより WE1 および WE
2 での電流が増幅される．WE1 の電位を O の還元電位に固定し，WE2 を正方
向の電位に掃引したときに得られるボルタモグラムを図 4.18(d)ⓐに示す（酸
化電流を正とする）．レドックスサイクリングによって，WE1 での電流応答は
増幅されていることがわかる．また，WE1 は電位掃引を行わないので電気二

重層の充電が起こらず，電流を WE1 で観測すると高感度な測定が期待できる．図 4.18(c)ⓑは同様の機能を R の酸化に対して行う例である．

　物質移動は基本的に微小電極上での拡散機構に従うので，シグモイド型のボルタモグラムが得られる．さらに，逆反応 R→O+ne⁻ が起こらない非可逆な妨害物質が共存する場合には，WE2 での反応が起こらなくなるため，標的物質に選択的な測定も可能である．一方，WE1 極に電位印加しない場合，レドックスサイクリングは起こらないため電極面積に応じた電流しか得られない（図 4.18(d)ⓑ）．バイオセンシングにおける微小くし型電極の有用性は，少量の試料溶液で測定が可能で，高感度に測定できることである．生体中に微量存在するカテコールアミンの 1 つであるドーパミンは，電子移動速度が低く不安定な物質であるが，レドックスサイクリングにより大きな電流応答が得られ，高感度に測定できることが示されている．

　微小くし型電極を電気抵抗測定に用いる場合も，電極幅とギャップの微小化により高感度化が達成される．電解質を含有した親水性高分子をくし形電極に塗布すると，WE-CE 間の電気抵抗は大気中の水蒸気濃度により変化する．したがって，この電極は湿度センサとしての利用が可能である．これは，親水性高分子に水分子が吸着すると可動イオン濃度が増大し，電気伝導度が増大（電気抵抗が減少）することを利用している．電極間ギャップが小さくなるほど電極間の電気抵抗は小さくなるため，汎用のデジタルマルチメーター（測定範囲 0.1～10 MΩ）で計測が可能である．

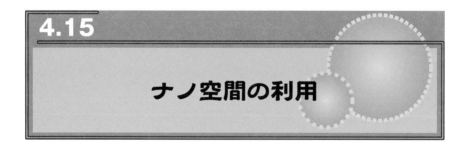

4.15　ナノ空間の利用

　電極間のギャップがさらに小さくなり，ナノ，ピコメートルとなると分子の大きさと同程度になり，分子エレクトロニクスが議論できるようになる．ただ

し，このようにギャップの小さい電極はこれまで述べてきたプリント技術では作製が困難である．一方，マイクロメートルのギャップを有する微小くし型電極であっても，その表面に金ナノ粒子（AuNP）を固定し，アルカンチオールを用いて配列膜を作製すれば，ナノギャップを容易に形成できる．

Wohltjen らはアルカンチオールで被覆した AuNP を用いてマイクロ電極上にナノ粒子配列（二次元膜）を作製した[10]．この配列は導電体である AuNP と絶縁体のアルカンチオール（1-オクタンチオール）を交互に配置した膜からなる．ここにトルエン（$C_6H_5CH_3$）やテトラクロロエチレン（$Cl_2C＝CCl_2$）などの疎水性ガスが吸着するとマイクロ電極の電気抵抗は増大し，ガスセンサとして機能した．この電気抵抗増大には，ガス吸着に基づく粒子間の距離増大が関与していると考えられる（図4.19(a)）．

アルカンチオールは一端に硫黄原子をもつので，金の表面に化学吸着してアルカンチオールで覆われた AuNP が生成する（6.4節参照）．この粒子をくし型電極上に配置すると，アルカンチオール-AuNP 配列を作製できる．アルカンチオールの C-C 結合は絶縁性である．このため，この配列の比抵抗率は，アルキル基鎖の長さ（炭素数）に対して指数関数的に増大する（図4.19

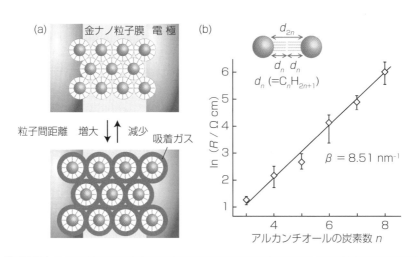

| 図4.19 | マイクロ電極上に形成されたアルカンチオール被覆 AuNP 配列 |

(a) ガス吸着による粒子間距離の変化．
(b) 比抵抗率（R）とアルカンチオール分子長の関係[11]．

(b))[11,12]. このとき，配列の比抵抗率（R）は，アルカンチオールの分子長（d_n，n は炭素数）を用いて式(4.33)のように表すことができ，図4.19(b)の関係となる．

$$R = R_0 \exp\left(-2\beta d_n\right) \tag{4.33}$$

ここで，β は減衰定数，R_0 はナノ粒子間の距離が0の場合の比抵抗率である．

　このことより，AuNPの間隔が増大すると電子が粒子間を移動しにくくなり，配列の電気抵抗は増大することがわかる．したがって，上のガスセンサの例（図4.19(a)）では，アルカンチオール層にガスが吸着することでナノ粒子間の距離が増大し，ガスセンサの抵抗も増大したと考えられる．

　この現象を拡張して考えると，ナノ粒子間における分子の導電性が議論できる（分子エレクトロニクス）．実際，DNAの二重らせんに沿って分子内で電子（または正孔）移動が起こることが見出され，DNAセンサの作製が可能となった．プローブDNAをナノギャップに配置し，その後，このプローブと相補的な塩基配列を有するDNAをナノ粒子間に添加する．すると，ギャップ間に二重らせんが形成され，この形成を電気抵抗の変化により知ることができる（図4.20）．実際に，DNAが二重らせんを形成することで配列膜の電気抵抗が減少することが報告されている（図7.6参照）[13]．ナノ粒子を用いるギャップ作製技術の利点は，既存のマイクロメートルのギャップをナノメートルに変換

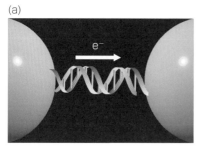
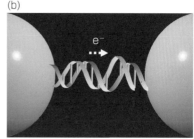

図4.20 AuNP間でのDNAの二重鎖形成に伴う導電経路の形成[13]

(a) 完全相補鎖DNA，(b) 一塩基ミスマッチ．
(a) のほうの抵抗が小さくなる．

できることにあり，これにより分子の導電性が容易に議論できるようになった．

4.16 電界効果トランジスター

　電界効果トランジスター（field effect transistor：FET）はソース，ドレインとゲートの3つの電極から構成される半導体素子である（図4.21(a)）．この素子では，電流はドレイン（d）とソース（s）の間に流れる．ゲート（g）は絶縁膜を介して素子本体に結合しているので，ゲートから本体に流れ込む電流は小さく，FETの入力抵抗はきわめて高い．ガラス膜電極やイオン選択性

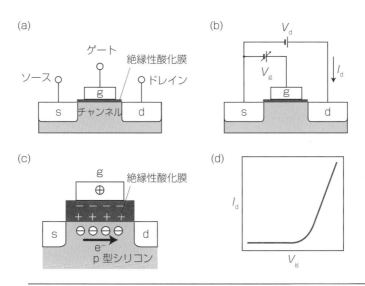

図 4.21 　一般的な MOSFET の構成図 (a) と回路図 (b)，チャンネルでの反転層形成 (c) とゲート電圧を変化させたときのドレイン−ソース電流 (I_d) (d)

電極といった出力抵抗の高いデバイスの電位を測定するには高入力抵抗の素子が必要で，FETはこれらのデバイスの電位測定に欠かせない存在である（コラム"センサの出力抵抗と測器の入力抵抗"参照）.

　素子の機能としてはゲートに加わる電圧がドレイン–ソース間の電流を変化させる. 別のいい方をすれば，ゲートの電圧（電場）を変えることで，FETは電流増幅器として機能する. 市販のガラス膜電極やイオン選択性電極はFETのゲートと導線で接続されているが，ゲート上にバイオレセプターを直接配置してセンサを作製することもできる. このような用途を理解するために，この節ではFETの動作をもう少し詳しく解説する.

　まず，ゲートに電圧を印加（V_g）することでソースとドレイン間のチャンネル領域におけるキャリヤー（電子または正孔）濃度が変化する. つまり，V_gによってソースとドレイン間の電流（I_d）を制御することができるため，増幅やスイッチ動作が可能となる（図4.21(b)）. 現在，集積回路のなかで一般的に用いられているのはMOSFET（metal–oxide–semiconductor FET）であり，p型シリコン基板上に形成される. ゲート領域に絶縁性酸化膜（二酸化ケイ素（SiO_2）など）が形成され，その上にゲートが配置される. ゲートに正の電圧を印加するとこの絶縁層がキャパシターとして機能し，チャンネルに電子が引き寄せられる（図4.21(c)）. このとき，ソースとドレイン間に反転層が形成されると，ゲート電圧V_gに比例して反転層の厚みが増大するとともに流れる電流が増大する（図4.21(d)）.

　FETバイオセンサでは，ゲート電極にレセプターを配置することで，標的物質との結合による電気的検出が可能となる（図4.22）. SiO_2からなる絶縁性酸化膜にはシランカップリング剤を用いた官能基の導入が容易である. たとえば，シランカップリングによりアミノ基を導入することで，レセプターの修飾（図4.22(b),(c)）が可能である（5.2節参照）. 標的物質がレセプターに結合するとI_dが変化（ΔI_d）し，センシングが可能となる（図4.22(d)）. これは，レセプターと標的物質との結合によりゲート電位が変化すると，この電位変化がV_gに加わり，図4.21(d)の電流–電位曲線が左右に移動するからである（図4.22(d)）. このことより，一定のV_gでドレイン–ソース（d–s）間の電流（I_d）を観測すれば，標的物質の結合量が測定できる. 図のように抗体をレセ

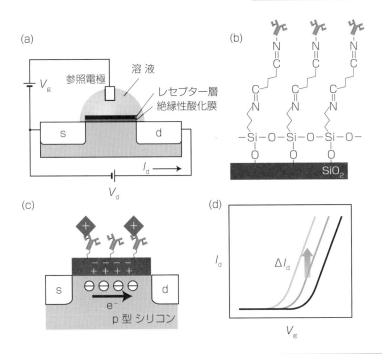

（a）

（b）

（c）

（d）

図4.22
バイオ FET の構成図（a），レセプターのゲート上への修飾（b），標的物質の結合（c）とそれに伴うドレイン電流−ゲート電圧特性の変化（d）

プターとした場合，標的抗原が正電荷を有すると I_d が増大する．反対に標的抗原が負電荷をもつ場合，I_d は減少する．このように，レセプターをゲート電極に直接修飾することで微小センサデバイスが作製できる．

4.17 サーミスター

サーミスター（thermistor）は，温度変化に対して電気抵抗が大きく変化す

る素子である．温度の上昇に伴い指数関数的に抵抗値が減少するNTC（negative temperature coefficient）サーミスターと，ある一定の温度を超えると急激に抵抗が増大するPTC（positive temperature coefficient）サーミスターに分類できる．これらの電気抵抗特性の違いを利用して，前者は温度センサとして，後者は過電流保護や温度を一定に保つためのスイッチに使用される．ここでは，NTCサーミスターを利用したバイオセンシングについて説明する．

サーミスターはマンガン（Mn）やニッケル（Ni）などからなる金属酸化物に一対の電極を結合した素子である（図4.23(a)）．使用温度範囲は一般的に$-50\sim400\,^{\circ}\mathrm{C}$であり，温度検出用素子として広く用いられている．任意の温度T（K）におけるサーミスターの電気抵抗R_{T}は，基準となる温度T_0における抵抗を$R_{\mathrm{T,0}}$として，式(4.34)のように表される．

$$R_{\mathrm{T}} = R_{\mathrm{T,0}} \exp\left\{B\left(\frac{1}{T} - \frac{1}{T_0}\right)\right\} \tag{4.34}$$

ここで，Bは素子に固有の定数である．したがって，サーミスターは温度変化を電気信号に変換するトランスデューサーとして利用できる．物質は反応や状態変化に基づき発熱あるいは吸熱するので，サーミスターにレセプターを配置すれば，温度変化に着目したバイオセンシングが可能である．しかし，実際には酵素固定膜を被覆したサーミスターを基質溶液に浸漬しても十分な電気抵抗変化は得られない．これは，酵素反応が生じても十分な温度変化が得られない

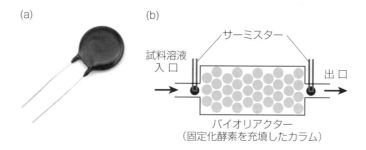

図4.23　サーミスター

（a）外観，（b）バイオリアクターへの組込みの例．

ためである．より高感度な検出のためには，高い B 定数をもつサーミスター
を用いるか，熱量変化を効率的にサーミスターに伝える工夫が必要である．そ
の一例として，固定化酵素をカラムに充填したバイオリアクターを用いる方法
を示す（図 4.23(b)）．

　リアクターに試料溶液を注入すると，その中の基質が充填剤表面の酵素と反
応する．この場合，バイオリアクターの表面積が大きいため，酵素反応は最終
的に大きな温度変化をもたらす．試料溶液はリアクターの出口に配置された
サーミスターを通って排出される．リアクターの試料導入口にもサーミスター
を配置しておけば，反応前後における温度変化 ΔT（$= T$（出口）$- T$（入口））
によりバックグラウンドが除去でき，電気的な同相ノイズも除去できるので，
高感度な測定が可能になる．

4.18

圧電素子

　レセプターとしてよく用いられる抗体は抗原との選択性が高いため，高い選
択性をもつセンサを作製することが可能である．一方で抗原抗体反応では副反
応物や副生成物がないため，酵素センサのような検出法が利用できない（3.2.
3 項参照）．このため，水晶振動子マイクロバランス（quartz crystal microbal-
ance：QCM）は，免疫センサに有用なトランスデューサーの 1 つである．
QCM は文字どおり微量天秤をデバイス化したものである．

　水晶振動子は水晶の薄片（通常 AT カット[†]）の両面に金属薄膜を蒸着した
圧電素子である．2 つの薄膜電極に交流電圧を印加すると水晶片は変形して振

---

† 　AT カット：発振子に使用される水晶の切出し法の 1 つ．AT カットは周波数温
　度特性が良く，安定した発振が得られる．

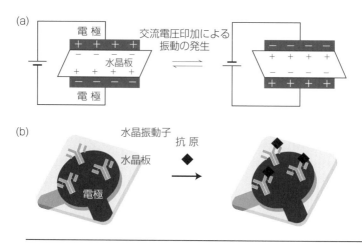

図 4.24
交流電圧を印加したときの水晶振動子の発振の概念 (a) と抗体を固定化した水晶振動子による抗原の捕捉 (b)

動し，その周波数（共振周波数）は水晶の厚さで決まる（図 4.24(a)）．薄い水晶板を用いるとより高い周波数で振動する．真空蒸着やスパッタリングにより水晶板に金や白金，チタン（Ti），銅（Cu），アルミニウム（Al）など，原子レベルで平滑かつ均質な電極の導入が可能である．このように作製した水晶振動子は，電極表面に物質が吸着するとその質量により共振周波数（F）が減少する．この関係は，Sauerbrey の式 (4.35) により示され，周波数変化により物質の吸着量を見積もることができる．

$$\Delta F = F - F_0 = -\frac{2F^2}{N\sqrt{\mu\rho}} \cdot \frac{\Delta m}{A} \tag{4.35}$$

μ は水晶せん断応力，ρ は水晶の密度，F_0 は水晶振動子の基本周波数を示し，それぞれ水晶振動子に固有の定数である．オーバートーン（倍音）次数（$N=$ 1, 3, 5, 7…），金属薄膜の面積（A）が一定であるとき，共振周波数変化（ΔF）を読み取ることで電極の質量変化（Δm）を見積もることが可能となる．F_0 が 9 MHz の AT カット水晶振動子の場合，約 -1.8 ng Hz^{-1} cm^{-2}（$N=3$）の感度となる．直径 5.0 mm の電極（$A=$ 約 0.20 mm^2）を用いると，-0.36 ng Hz^{-1} の感度を得ることができる．したがって，免疫グロブリン（IgG，分子量約 15 万）の吸着により 1 Hz の変化を得るには 1.4×10^9 個の吸着を必要とする（図

4.24(b)). IgG を直径 15 nm の球（投影面積として約 180 nm^2）と考えると，上記電極の表面積の 1% 程度が IgG により被覆されたとき 1 Hz の周波数変化が得られることになる.

QCM では質量変化が直接検出できるため，電気化学的活性種が生成しない反応系，蛍光や光吸収の起こらない反応系ではとくに有用である. QCM をセンサに使用するにはレセプターを電極上に固定する必要がある. この目的のため，QCM の金薄膜上にチオールを用いて結合させる方法がよく使用される.

4.19 光学素子

標的物質とレセプターの結合は，光学情報に変換することが可能である. この変換用のトランスデューサーとして，半導体を用いた固体検出素子（フォトダイオードなど）や表面プラズモン共鳴（surface plasmon resonance：SPR）チップ，あるいは光ファイバーをはじめとする光導波路が用いられる. 光を電気信号に変換する半導体固体検出素子にはフォトダイオード，あるいは大規模集積回路（LSI）技術により作製される電荷結合素子（charge coupled device：CCD，コラム参照），光電子増倍管（photomultiplier tube：PMT，コラム参照）などがある.

4.19.1
フォトダイオード

フォトダイオードは，正孔（ホール）がキャリヤーとなる p 型半導体と，電子がキャリヤーとなる n 型半導体を接合した素子である（図 4.25(a)）. p 型，n 型のそれぞれの層に電極（アノードとカソード）が接続される. p 型半導体と n 型半導体が接する pn 接合部付近では正孔と電子が打ち消しあって

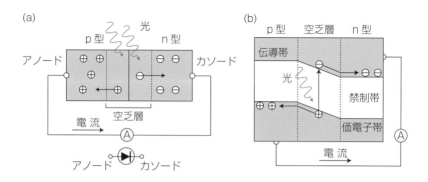

CCDカメラ

　電荷結合素子（charge coupled device：CCD）は光を電気信号に変換する半導体であるが，おもにイメージセンサとしてビデオカメラやデジタルカメラ，イメージスキャナーの光検出器に使われている．通常の集積回路は抵抗やコンデンサー，トランジスターが集積化されたものであり，それぞれの素子は金属配線により電気的に接続されている．これに対してCCDは多数の微小なコンデンサー（通常はMOS構造半導体）の配列からなり，それぞれに電極が配置されている．配列したフォトダイオードに対して並列にCCDを配置し，1回の露光でフォトダイオードが光電変換した電荷をCCDに転送し，CCDに蓄積された電荷を順次読み出す．

　このコンデンサーが画素の単位となる．CCDが一次元に配列されたものは，ファクシミリやコピー複写機，イメージスキャナーなどに使用される．二次元に配列されたインターライン型CCDセンサは，ビデオカメラやデジタルカメラで使用される．バイオイメージングにおいて使用されるCCDカメラはこの機構を用いたものである．

キャリヤーの少ない空乏層を形成する．このフォトダイオードに光が照射されたとき，その光のエネルギーがバンドギャップ（禁制帯）のエネルギーより大きいと，価電子帯の電子は励起され，バンドギャップを超えて伝導帯に移動する．一方，価電子帯には電子の励起によって正孔が生じる（図4.25(b)）．この空乏層において励起された電子はn型半導体に，正孔はp型半導体に移動

光電子増倍管

光電子増倍管はフォトマルチプライヤー（photomultiplier tube：PMT）ともよばれる真空管（～10^{-4} Pa）で，図のような構造をもつ．光エネルギーを電気エネルギーに変換する光電管に電子増倍機能を付加した検出器である．入射窓から入射した光は，そのエネルギーにより光電面で光電子を放出する．この光電子は集束電極で集束，加速され，電子増倍部の第1ダイノードに衝突する．このとき光電子1個の衝突につき数個の二次電子が放出され，電子として増倍される．それらの電子がそれぞれ第2，第3ダイノードと衝突するたびに繰り返し増倍される．その結果，10^6倍以上に増倍された電子が陽極に集められる．PMTは家庭用照明の電球程度の大きさであり，分析装置などの検出器として用いられている．ニュートリノの観測に成功したスーパーカミオカンデでは直径50 cmの光電子増倍管が用いられている．近年では，指先に乗るほど小さいサイズの製品が発売されたことから，光学検出器の小型化やセンサの高感度化，高性能化が期待されている．フォトダイオード同様，光量に応じた電流応答が得られるので，定量に利用される．

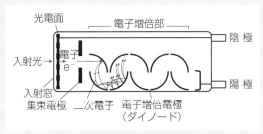

図　光電子増倍管の概念図

することで電流が生じる．フォトダイオードを用いたセンサを3例，以下に簡単に解説する．

グルコースは4.6節に示したような電気化学的な方法だけでなく，光学的にも定量できる．基質のグルコースと溶存酸素とがGODにより反応し，グルコノラクトンと過酸化水素を生成する（式(4.16)参照）．生成した過酸化水素はペルオキシダーゼ（6.1.1項参照）の作用により，フェノールと4-アミノアンチピリンとを定量的に酸化縮合させ，赤色に発色する色素を生成する（式(4.36)）．

4-アミノアンチピリン

(赤)

(4.36)

この色素（505 nm）の吸光度は過酸化水素の濃度に比例するので，これによりグルコースの濃度が測定できる．光源から照射した光が反応液を透過する際，フォトダイオードを用いることで吸光度に応じた電流応答を得ることができ，グルコースの定量が可能となる．光源としてLED（発光ダイオード）を用いれば，小型かつエネルギー効率のよいシステムが作製できる．

このような色素のほかに，金ナノ粒子（AuNP）を用いることもできる．この場合，AuNPに特徴的な赤い発色を利用する．したがって，この場合も光源から試料溶液に光を照射すると，赤色光の吸収に基づく電流応答をフォトダイオードから得ることができる．

アデノシン三リン酸（ATP）は，微生物汚染の可能性を示す物質である（詳しくは8.2節で解説する）．発光酵素であるルシフェラーゼはATPと反応することにより発光する（生物発光；図6.14参照）．この原理を応用したバッテリー駆動のセンサシステムが販売されており，この中にフォトダイオードが使用されている．

4.19.2
電荷結合素子（CCD）

スライドガラスやシリコンウエハなどに数万種以上の DNA 断片をスポット状に高密度配列した DNA マイクロアレイ（DNA チップ）は，電荷結合素子（CCD）や光電子増倍管（PMT）を利用する代表例といえる．特定の塩基配列をもつ DNA 断片との結合を網羅的に調べることができるため，遺伝子発現の解析に利用される．基板上に固定した塩基配列のわかっている 1 本鎖の DNA 断片（プローブ DNA）に相補的な塩基配列をもつ標的 DNA が添加されると，二重らせん構造が形成される（図 4.26）．蛍光物質による標的 DNA のラベル化を行うと，標的 DNA のスポット上への結合が発光により検出できる．したがって，多数の異なるプローブ DNA が固定された図 4.26 の下方のようなチップを用いると，位置情報から一度に多数の試料の塩基配列が決定できるため，遺伝子発現の解析に利用されている．

4.19.3
表面プラズモン共鳴チップ

屈折率の異なる媒質，たとえばガラスと水溶液が接する界面に対して，ガラ

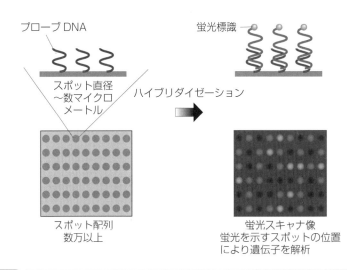

図 4. 26 DNA チップの検出概念

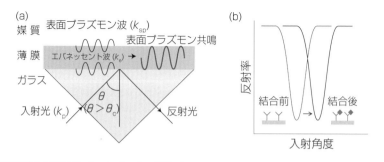

図 4. 27　SPR チップの概略図

(a) SPR 発現原理，(b) 反射光強度と入射角の関係.

ス側から光を入射（波数 k_p）させると，入射角（θ）が小さい場合は透過光と反射光の両方が発生する．ただし，入射角が大きくなり臨界角（θ_c）を超えると，入射光は界面で全反射される（図 4.27）．このとき，界面にエバネッセント波（波数 k_e）が発生する．

$$k_e = k_p \sin \theta \tag{4.37}$$

エバネッセント波は，界面から水溶液側に染み出す光であるが，界面からの距離に対して指数関数的に減衰する非伝搬波であり，界面近傍（入射光の波長程度）に留まる定常波である．このとき，ガラスと水溶液の間に金の薄膜があると，金の表面プラズモン（＝電子の集団振動）が光に強く反応し，表面プラズモン波（波数 k_{sp}）を発生する．

$$k_{sp} = \frac{\omega}{c} \sqrt{\frac{\varepsilon n^2}{\varepsilon + n^2}} \tag{4.38}$$

ここで，ω は光の角振動数，c は真空中の光速度，ε は金属の誘電率，n は媒質の屈折率である．全反射条件において，表面プラズモン波とエバネセント波が共鳴する（表面プラズモン共鳴）．つまり，k_e と k_{sp} は一致（$k_e = k_{sp}$）するので，それを満たす入射角および媒質の屈折率の関係が決まる．このことを利用して，媒質の屈折率，膜厚，分子の吸着など，金薄膜表面で生じる現象をリアルタイムに測定することが可能になる．

　図 4.27(a) に示すように，SPR チップ下部のガラスプリズムに入射角（$\theta >$

θ_c）を変えながら光を照射すると，（図 4.27(b)）のようなプラズモン曲線が得られ，反射光の強度が最小になる共鳴角度がある．共鳴角度はレセプターを固定した SPR チップに固有のものである．レセプターと標的物質の結合によって薄膜表面の屈折率（誘電率）が変化し，共鳴角度が変化する．このため，特定の角度において観測すると反射率が変化する．この変化に着目することで標的物質を定量することができ，薄膜表面で生じる反応を観測することができる．また，金の薄膜はチオールを介したレセプターの表面修飾を容易にする．この方法はラベル化を必要としない直接的方式であるため，QCM と同様，蛍光や光吸収の起こらない反応系においてよく利用される．

　そのほか，バイオセンシングでは光吸収や蛍光強度，あるいは反射率の変化を利用した光学方式もよく使用される．これらの方式においては，蛍光色素や特徴的な蛍光や散乱光を発する量子ドット，金属ナノ粒子などによるラベル化が必要となる．ラベルを用いる方式はバイオアッセイにおいても繁用されるため，Chapter 6 で説明する．

文　　献

1）大堺利行，加納健司，桑畑　進：『ベーシック電気化学』，化学同人（2000）.

2）河嶌拓治：蛋白質 核酸 酵素，**30**，247（1985）.

3）S. J. Updike, G. P. Hicks : *Nature*, **214**, 986（1967）.

4）Y. Xiao, F. Patolsky, E. Katz, J. F. Hainfeld, I. Willner : *Science*, **299**, 1877（2003）.

5）B. R. Eggins : "Chemical Sensors and Biosensors", p. 178, Wiley（2002）.

6）J. S. Schults, S. Mansouri : *Methods Enzymol.*, **137**, 349（1988）.

7）R. W. Cattrall : "Chemical Sensors", p. 44, Oxford University Press（1997）.

8）K. Miyajima, T. Koshida, T. Arakawa, H. Kudo, H. Saito, K. Yano, K. Mitsubayashi : *Biosensors*（*Basel*）, **3**, 120（2013）.

9）青木幸一，森田雅夫，堀内　勉，丹羽　修：『微小電極を用いる電気化学測定法』，電子情報通信学会（1998）.

10）H. Wohltjen, A. W. Snow : *Anal. Chem.*, **70**, 2856（1998）.

11）椎木　弘，長岡　勉：*Electrochemistry*, **81**(8)，646（2013）.

12）椎木　弘，長岡　勉：ぶんせき，**3**，94（2018）.

13）H. Shiigi, S. Tokonami, H. Yakabe, T. Nagaoka : *J. Am. Chem. Soc.*, **127**, 3280（2005）.

Chapter 5
バイオレセプターの固定化技術

これまで，バイオセンサの構造をレセプター，トランスデューサーの順に説明してきた．本章では，分子認識部の作製に必要なさまざまな要素技術，とくにトランスデューサーへのレセプターの固定化技術について解説する．

固定化技術の概要

　バイオセンサでは電極やガラス基板などの素子上にレセプターを安定に固定する技術が不可欠である．とくに，レセプターの脱着や失活はセンサの性能（感度，選択性，経時安定性）を低下させるので，固定化技術は重要である．酵素をレセプターとする場合の代表的な固定法を図5.1に示す．

　吸着法（図5.1(a)）は，セルロース樹脂，陰イオン交換樹脂や炭素，あるいはガラスや金属などの担体表面に，化学吸着，物理吸着によりレセプターを吸着させて固定する．吸着法は操作が簡単であるが，固定できる担体の種類が限定され，試料溶液の滴下や洗浄などの過程でレセプターが担体から脱離することがあり，安定性に乏しい欠点がある．共有結合法（架橋法，図5.1(b)）は，酵素とリンカー分子（架橋剤）との間で共有結合を生成させてレセプターを固定する．共有結合法では安定した固定化が達成される反面，酵素の失活に注意する必要がある．架橋剤としては古くからグルタルアルデヒドがよく用いられている．共有結合法の詳細については次の節で解説する．

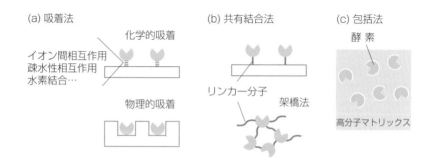

(a) 吸着法　　　　　　　　　　　(b) 共有結合法　　　　　(c) 包括法

| 図 5.1 | レセプターの代表的な固定法 |

　包括法（図 5.1(c)）では，レセプターを高分子マトリックス内に物理的に取り込む（図 5.2）．酵素を簡単に，しかも安定かつ多量に固定化できる特徴がある．マトリックスとして，アルギン酸，カラギーナン，ペクチン，寒天など，ゲル化する天然多糖類が古くから用いられているが，標的物質のマトリックス内への拡散速度がセンサの応答速度や感度に影響を与えるため，膜厚や膜組成に対して注意が必要である．

　包括法としてゾル–ゲル法もバイオセンサにはよく使用される（図 5.3）．テトラエトキシシラン（TEOS）は溶媒（エタノール）中で水と触媒の存在下，加水分解される．加水分解の結果，シロキサン（Si−O−Si）が縮合反応で生成して酸化物ゾル（SiO_2 コロイド）になる．さらに反応が進むと全体が固まったゲルとなる．最初の反応液に酵素（GOD など）を加えておき，生成したゾル中に電極や基板を浸漬して乾燥させると，酵素が包括された修飾膜を得ることができる．この方法では，常温かつ穏和な化学的条件（pH など）で多孔質膜の作製が可能であり，バイオレセプターの固定に向いている．また，光の透過性が高いので，電気化学センサだけでなく光学的なセンサの作製にも使用さ

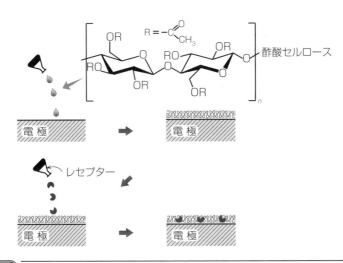

図 5.2　酢酸セルロース膜への酵素の固定化

酢酸セルロース溶液を電極（基板）に滴下し，乾燥させる．次にレセプター（酵素溶液）を加える．乾燥させた後，多孔質膜でセルロース膜をカバーして，レセプターの溶出を防ぐ（図には示していない）．

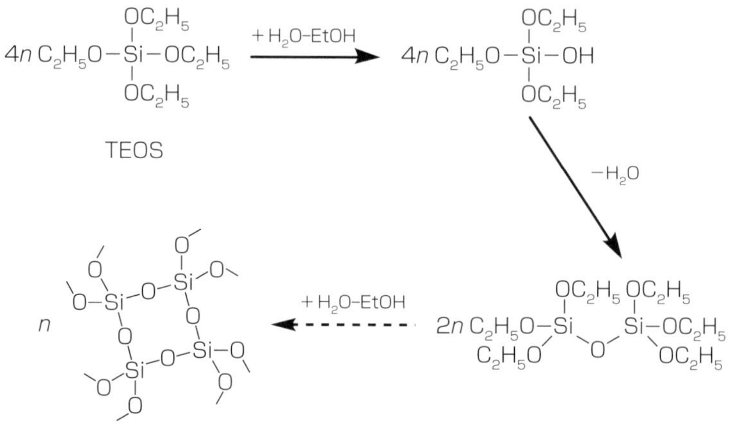

$4n\ C_2H_5O-\underset{\underset{OC_2H_5}{|}}{\overset{\overset{OC_2H_5}{|}}{Si}}-OC_2H_5$ $\xrightarrow{+H_2O\text{-}EtOH}$ $4n\ C_2H_5O-\underset{\underset{OC_2H_5}{|}}{\overset{\overset{OC_2H_5}{|}}{Si}}-OH$

TEOS

$-H_2O$

$2n\ \underset{C_2H_5O}{\overset{OC_2H_5}{C_2H_5O-Si}}\underset{O}{\diagdown}\underset{OC_2H_5}{\overset{OC_2H_5}{Si-OC_2H_5}}$

$\xleftarrow{\ +H_2O\text{-}EtOH\ }$

図5.3 ゾル-ゲルマトリックスの生成

れる.

　固定化においては個々の方法を組み合わせることもできる. それは, レセプターが機能性分子や微生物であっても同様である. 近年では, カーボンペースト電極[†]に酵素を直接練り込む簡易手法や, 導電性ポリマーなどの機能性高分子をマトリックスとした固定化法が数多く報告されている. これらの方法は, 吸着法や包括法を組み合わせた固定化法の例である.

---

† 窪みをつくった電極上に、カーボンペースト（表4.2参照）をへらなどで塗りつけたものをカーボンペースト電極という. カーボンペーストは、グラファイトなどの導電性微粉末と添加物（酵素やメディエーターなど）をヌジョールなどとともに混合した流動物である. 修飾電極が簡単に作製できる利点がある.

5.2

共有結合法による機能性物質の固定化

　レセプターの固定には共有結合法が使用されることも多い．ここでは代表的なものを解説する．グルタルアルデヒドは担体表面（トランスデューサー表面）のアミノ基と反応するとともにタンパク質のアミノ基とも反応し，担体と酵素を固定するブリッジの役割を果たす（図5.4(a)）．また，アミノ基のほか，カルボキシ基，ヒドロキシ基，フェノール基，イミダゾール基やチオール基などの官能基はアルキル化剤やジアゾニウム化合物と容易に反応する．した

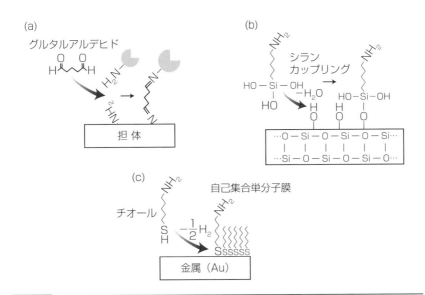

図5.4　共有結合によるレセプター固定化の例

（a）グルタルアルデヒドによる架橋固定．
（b）シランカップリングを用いたガラス表面の活性化．
（c）チオールを用いた金表面の活性化．

がって，これらの官能基を表面にもつ担体であれば，酵素などのレセプターを共有結合により固定することができる．担体（基板）としては，多糖類，セルロース樹脂，アミノ酸共重合体，ポリアクリルアミド，スチレン樹脂，ゼラチンのほか，ガラスや金属も選択できる．これらの担体はレセプターと反応しやすいように，あらかじめ表面を活性化しておく必要がある．

図5.4(b) および (c) にシランカップリング剤やチオール化合物を用いる固定化法を示す．金へのチオールの結合は自発的に起こるため操作が簡単であり，電極へのバイオレセプターの固定にはきわめてよく用いられる．このようにして担体表面をアミノ基で活性化することで，グルタルアルデヒドによる酵素の固定が可能になる．

バイオレセプターを固定する場合には，表面のカルボキシ基もしばしば利用される（図5.5)[1]．カルボキシ基の活性化は，1-(3-ジメチルアミノプロピル)-3-エチルカルボジイミド（EDC）と N-ヒドロキシスクシンイミド（NHS）により行われる（図5.5(a)）．この活性化によりバイオレセプターは表面のカルボキシ基と反応できるようになる．EDC はカルボキシ基と反応しエステルを与えるが，このエステルは NHS と反応して，より反応性の高いエ

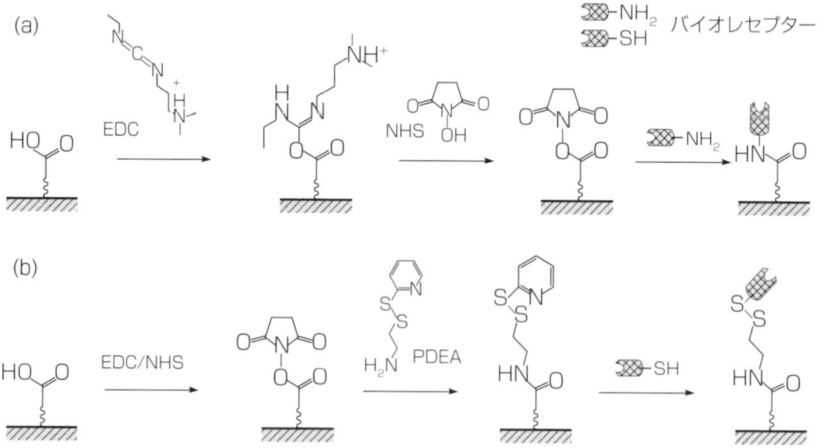

図5.5　表面のカルボキシ基を介したバイオレセプターの基板への固定

（a）レセプターのアミノ基を利用する方法．
（b）チオール基を利用する方法（PDEA：2-(2-ピリジルジチオ)エチレンジアミン）.

ステルに置換される．後者のエステルは第一級アミンと容易に反応するので，レセプター（タンパク質）のアミノ基が結合して固定される．同様に，タンパク質のチオール基を利用したバイオレセプターの固定化も図5.5(b)に示す手順で行える．

5.3

機能性タンパク質を用いる固定化技術

5.3.1
ビオチン–アビジン結合によるバイオレセプターの固定化

　ストレプトアビジンは細菌により生産されるタンパク質であり，ビオチンと強く結合する．ストレプトアビジンはモノマーの4量体からなり，各モノマーがそれぞれビオチン1分子を結合する．したがって，アビジンは最大4分子の

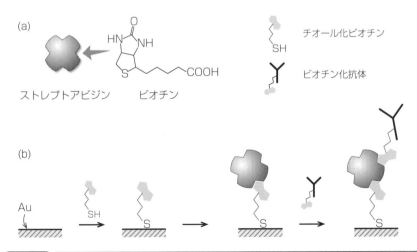

(a)
ストレプトアビジン　　ビオチン
チオール化ビオチン
ビオチン化抗体

(b)
Au

図 5.6　ストレプトアビジンとビオチンの結合（a）および金薄膜修飾への使用例（b）

127

ビオチンと結合できる（図5.6(a)）．ビオチンとストレプトアビジンの結合は非常に強く，自然界では最強といわれている（解離定数 $K_d \approx 10^{-15}$ mol L^{-1}）（コラム参照）．この理由からストレプトアビジンはバイオセンサではコネクターとしてよく使われており，図5.6(b) に示す例だけでなく，四方コネクターのような用途にも使用できる．

ビオチン–アビジンの結合を用いる利点の1つに，ビオチン化されたチオールやレセプターなど，さまざまな試薬が市販されていることがある．したがって，このような試薬を部品として利用し，アビジンで結合すれば，バイオセンサに希望する機能を簡単に組み込むことができる．

5.3.2
プロテインA/G

タンパク質のなかには抗体のFc領域（図3.6参照）と結合するものがある．プロテインAおよびGはそのようなタンパク質で，細菌由来である．抗体との結合は比較的強く，プロテインAとGの解離定数 K_d は $\sim 10^{-8}$ mol L^{-1}

 ストレプトアビジンとビオチンの結合

アビジンを A，ビオチンを B，アビジンとビオチンの会合体を A·B とすれば，解離平衡

$$A{\cdot}B \rightleftharpoons A + B \tag{1}$$

に対して，解離定数 K_d は

$$K_d = \frac{[A][B]}{[A{\cdot}B]} \tag{2}$$

と定義される．$K_d \approx 10^{-15}$ mol L^{-1} と報告されている．

式(2) より，$[B] = K_d \approx 10^{-15}$ のとき，$[A] = [A{\cdot}B]$ である．すなわち，10^{-15} mol L^{-1} (fmol L^{-1}) レベルの低い溶存ビオチン濃度で，ストレプトアビジンの半分はすでにビオチンと結合していることになる．このことより，ビオチンとストレプトアビジンの結合力がいかに強力であるかがわかる．

図5.7 プロテインAによる抗体の固定

(a) プロテインAを固定した基板，(b) 抗体とプロテインAの結合，(c) 抗原との結合，(d) 化学的手法による固定．

と報告されている．プロテインA/GはIgGのFc領域に結合する．これにより，Fab領域が抗原と結合する方向に向く（図5.7(a)～(c)）．

抗体の$-NH_2$基と基板の$-COOH$基は前節に示した化学的な方法でも固定できる．しかし，この方法では抗体に存在する$-NH_2$基がランダムに結合する恐れがあり，抗体を基板上で特定の方向に配列させにくい．とくに，抗原結合部位の$-NH_2$基が基板の$-COOH$基と反応すると，抗体の反応性が阻害される恐れがある（図5.7(d)）．後述するブロック剤（図6.12参照）を用いてプロテインAを担体に直接接触しないように固定すると，抗原結合部位が損傷を受けることなく抗体の固定が可能になる（図5.7(c)）．

5.4 導電性ポリマー

導電性ポリマー（conducting polymer：CP）は生体適合性を有し，バイオレセプターの固定にしばしば膜として使用される．レセプターの固定法としては吸着法，共有結合法，包括法が利用できる．バイオレセプターだけでなく，ナノ粒子やカーボンナノチューブなども一括して固定できるため，研究開発で

の利用頻度が増えている．CP膜は対応するモノマーを電極上で酸化して作製するが，膜生成の間にこれらの物質が取り込まれる．さらに，CP膜は導電性があるため，電極上に被覆しても電極反応の阻害が起こりにくい．

CPには多くの種類があるが，代表的なものを図5.8に示す．導電性ポリマーは酸化反応で合成される．モノマー溶液を電解酸化すると，CP膜が電極上に成長する．ポリピロール（PPy）を例に説明すると，

$$m\,\mathrm{Py} + n\,\mathrm{X}^- - n\,\mathrm{e}^- \longrightarrow \mathrm{PPy}^{n+}(\mathrm{X}^-)_n \tag{5.1}$$

ここで，Pyはピロール（モノマー），X^-はドーパント（アニオン）である．生成するポリマーは陽電荷を有するので，アニオンを膜内にドープしてポリマーの塩になる．ただし，電位やpHにより構造が変化することがあるので，注意が必要である．たとえば，PPyでは還元されると陽電荷がなくなり，脱ドープ（脱アニオン）する．この還元型には導電性はないが，酸化すると再ドープして図5.8に示すかたちに戻る．また，高いpHで酸化すると過酸化が

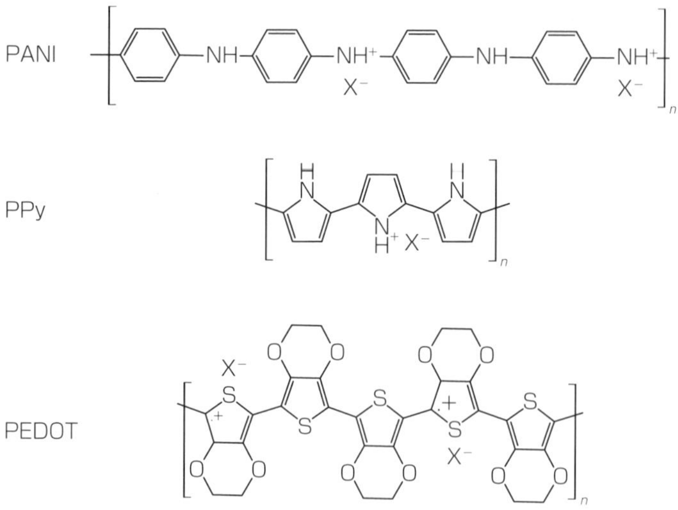

図5.8 代表的な導電性ポリマー

PANI：ポリアニリン，PPy：ポリピロール，PEDOT：ポリ(3,4-エチレンジオキシチオフェン)．X^-はアニオン（ドーパント）を表す．

起こり，この場合も脱ドープにより導電性がなくなる．ただし，この過程は不可逆であり，いったん起こるともとには戻らない．

　ポリアニリン（PANI）膜は，低 pH での成長速度（モノマーの酸化速度）は速いが，弱酸性では遅い．このため，弱酸性溶液では厚膜への成長に時間がかかる．PANI ほどではないが，PPy も中性近傍では成長は遅くなる．中性近傍でも容易に膜成長するのがポリチオフェンである．バイオレセプターを包括するには pH 中性近傍が適しており，この点でポリチオフェンは有利である．誘導体のポリ(3,4-エチレンジオキシチオフェン)（PEDOT）は色が薄く，光学的なセンサにも適している．

　CP へのレセプターの導入は大別すると次の 3 手法になり（図 5.9），それぞれ，図 5.9(a) の吸着法（adsorption），図 5.9(b) の電気化学的包括法（electrochemical entrapment），図 5.9(c) の共有結合固定化法（covalent immobilization）である．図 5.9(a) の吸着法は，CP がイオン性のポリマーであることを利用する．すなわち，CP はポリマー鎖にアニオンがドープされているので，親水的（アニオン性）なレセプターはドーパントと交換され，膜表面に吸着する．ただし，静電的な吸着となるので，溶液内の電解質などにより脱着す

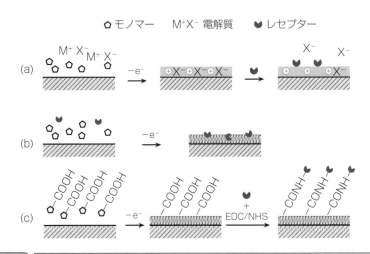

図 5.9　導電性ポリマーを用いるレセプターの固定方法

（a）吸着法，（b）電気化学的包括法，（c）共有結合固定化法．

る可能性があり，安定性に問題が生じる場合がある．

　図5.9(b) の電気化学的包括法は，バイオレセプターをモノマー溶液中に加えて電解合成する方法で，酵素やDNA，抗体あるいは細菌やウイルスまで簡単に組み込むことができる．さらに，膜には金属ナノ粒子やカーボンナノチューブなどのナノ材料も同時に組み込むこともできる．ただし，この方法ではレセプターの一部は膜内に閉じ込められるので，すべてのレセプターが完全に機能するわけではない．図5.10は細菌をPPyにドープした例である[2]．細菌は一般に負に帯電しているので，巨大なドーパントとして機能する（式(5.1) のX）．図からわかるように，細菌は高い密度でPPy膜に組み込まれている．この膜を使用して細菌鋳型センサ（図7.15参照）や細菌グルコースセンサ（図7.17参照）が作製できる．

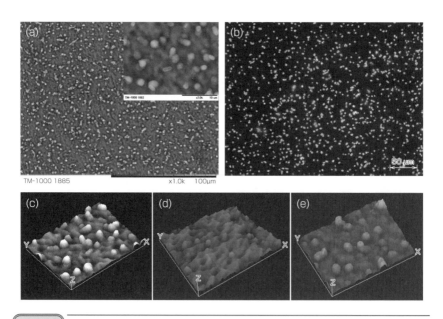

図5.10　細菌（桿菌）をドープしたPPy膜のSEMおよび蛍光顕微鏡像[2]

(a)〜(c) 緑膿菌（*Pseudomonas aeruginosa*），(d) 枯草菌（*Bacillus subtilis*），(e) 大腸菌（*Escherichia coli*）．
(c)〜(e) SEM像より作成した疑似3D像（40 μm × 30 μm），(b) の緑膿菌はSYTO9およびPIで膜作製前に染色されている➡口絵1参照．
【出典】T. Nagaoka, *et al.*: *Anal. Sci.*, **28**, 319（2012）．

　共有結合による固定化（図5.9(c)）はカルボキシ基を修飾したモノマーを用いる方法で，すでに述べたEDC/NHSプロセス（図5.5参照）でレセプターを固定する．非修飾のモノマーも混合することで，レセプターの表面密度が制御できる．また，ビオチン修飾したモノマーで製膜し，ストレプトアビジンを介してレセプターを固定することもできる．このほかにも，アルギン酸（多糖類）を結合したピロールも報告されている[3]．この場合，PPy膜の上にゲル層が作製されることになり，電極へのゲル層の固定がより強固になる．カルシウムイオン（Ca^{2+}）を用いて，このゲル層にバイオレセプターを固定する．

文　献

1 ）S. Löfås, A. McWhirter : "Surface Plasmon Resonance Based Sensors", Ed. by O. S. Wolfbeis, J. Homola, p. 117, Springer（2006）.

2 ）S. Tokonami, K. Saimatsu, Y. Nakadoi, M. Furuta, H. Shiigi, T. Nagaoka : *Anal. Sci.*, **28**, 319（2012）.

3 ）D. Q. Le, M. Takai, S. Suekuni, S. Tokonami, T. Nishino, H. Shiigi, T. Nagaoka : *Anal. Chem.*, **87**, 4047（2015）.

Chapter 6

バイオセンサで使用される
基礎技術および材料

　バイオセンサではこれまで述べた酵素や抗体などのレセプターをトランスデューサー上に固定して測定する．ただし，最近ではセンサの性能をさらに向上させる目的で，さまざまな技術・材料が用いられている．本章では，ラベリングやエネルギー移動など，新素材から検出技術に至るまで，センサの論文や研究報告に現れる内容のうち，基礎知識として是非とも理解しておく必要のあるものを解説する．すなわち，本章の内容は現代的なバイオセンサを理解するためには必須となる内容であるので，まとめて解説する．

6.1

ラベリング

ラベリング（標識化，ラベル化）はバイオ分析においてきわめて重要な技術の１つである．標的物質が，着色や発光（蛍光），電気化学活性など，検出のために有効な機能を保有している場合にはそのまま定量することが可能である．しかし多くの場合，標的物質はこのような性質をもたないので，ラベル化剤を標的物質に結合させて検出可能にする†．一言でいうと，ラベリングとは目的の分子に"目印"を付けることである．この節では，バイオセンサによく使用される標識化合物（ラベル化剤）について解説する．

6.1.1
西洋ワサビペルオキシダーゼ

西洋ワサビペルオキシダーゼ（horseradish peroxidase：HRP）は過酸化水素を基質とし，これを水に還元する酵素であるが，ラベル化剤としてよく利用される（式(6.1)）．図 6.1(a) に示すように，HRP の基質結合部位にはヘム鉄があり，これが過酸化水素の還元反応を触媒する．

$$HO-OH + 2\,e^- + 2\,H^+ \xrightarrow{HRP} HOH + HOH \tag{6.1}$$

したがって，この反応が継続して起こるためには，酸化された Fe^{III} がもとの Fe^{II} に戻る必要がある．すなわち，ヘム鉄に電子が供給される必要がある（鉄(III)の還元）．還元剤にはさまざまな分子が使用される．図 6.1(b) はこの還元剤としてテトラメチルベンジジン（TMB）を使用した場合の反応スキーム

---

† ただし，標識不要な測定技術も存在しており，たとえば，SPR や QCM などはラベルなしで定量を可能とするトランスデューサーである．

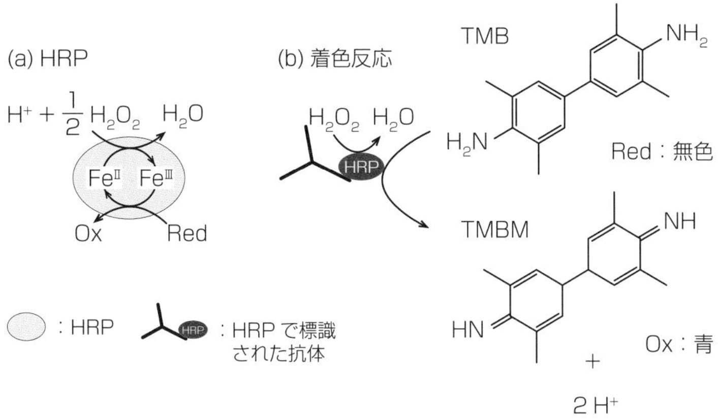

(a) HRP

(b) 着色反応

図 6.1 西洋ワサビペルオキシダーゼ

（a）酵素反応のスキーム，（b）バイオ分析での利用.
Red：還元体，Ox：酸化体，TMB：テトラメチルベンジジン，TMBM：テトラメチルベンジジンジミン（TMB の酸化体）.

で，酸化体のテトラメチルベンジジンジミン（TMBM）は強い青色を呈するので，光学的なバイオ分析によく利用される．この呈色反応は後述するELISA 法（6.5 節参照）で利用される．標的とする抗原に HRP ラベル化抗体が結合すると，過酸化水素の存在下において青色の呈色が起こるので，抗原の存在が確認できる．

　別の例として，ヒドロキノン（H_2Q）は酸化還元活性があるため電気化学分析によく利用される（式(6.2)）．この場合，H_2Q は Fe^{III} に電子を与えてベンゾキノン（Q）に酸化される（図 7.4(a) 参照）．この結果，HRP の鉄はもとの Fe^{II} に戻り，酵素反応が継続される．電極では生成した Q を定量して抗原の濃度を知る．

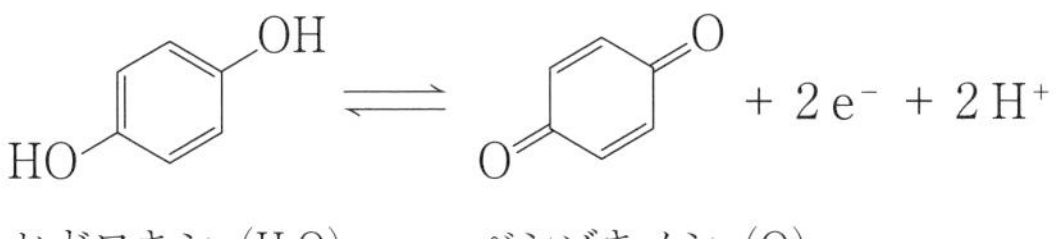

$$+ 2e^- + 2H^+ \tag{6.2}$$

ヒドロキン（H_2Q）　　ベンゾキノン（Q）

6.1.2

フルオレセインイソチオシアネートおよびローダミンＢイソチオシアネート

フルオレセインイソチオシアネート（FITC）はバイオ分析でよく用いられる蛍光色素である（図6.2(a)）。FITC 励起波長の極大は 495 nm で，蛍光波長は 525 nm である。このため，FITC の色は黄橙色であるが，励起されると黄緑色の蛍光を発する。FITC はタンパク質やペプチドの遊離したアミノ基に結合し，安定なチオウレア結合を形成する（図6.3）。したがって，FITC は酵素やホルモン，細菌などの蛍光ラベルに適しており，フルオレセインをラベル

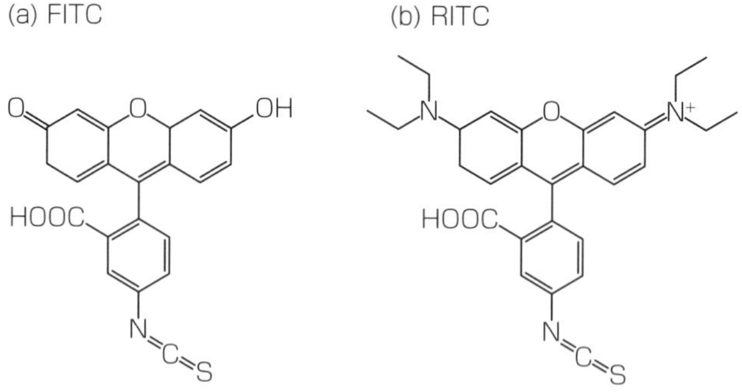

| 図 6.2 | フルオレセインイソチオシアネート（a）とローダミンＢイソチオシアネート（b）の構造式 |

| 図 6.3 | FITC とアミノ酸の反応 |

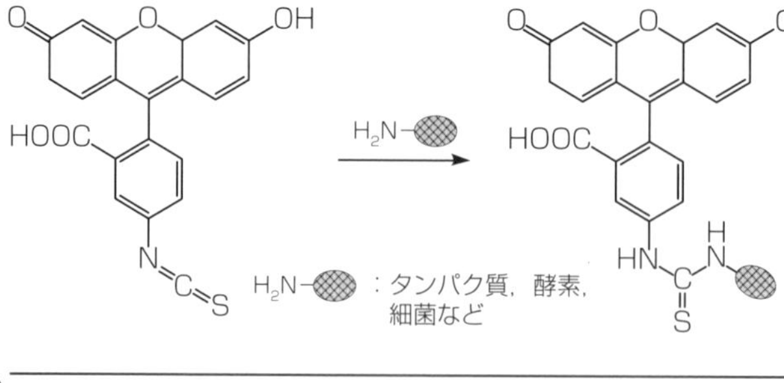

FITC は蛍光試薬のフルオレセインにアミノ酸反応性を有する−NCS（イソチオシアネート）基を結合させたもので，タンパク質や細菌などのラベル化に利用される。

化した抗体は，光学的なバイオセンサによく利用される．

　ローダミン B イソチオシアネート（RITC，図 6.2(b)）も同様の用途に用いられる（励起波長の極大 544 nm，蛍光波長の極大 576 nm）．

6.2

蛍光消光

　近接する 2 つの色素分子（あるいは発色基）の間で，光にならずにエネルギー移動が起こることをフェルスター共鳴エネルギー移動（Förster resonce energy transfer：FRET）とよぶ[†]．このとき，エネルギー移動を起こすほうの分子（発色基）を供与体（ドナー，donor），受け取るほうの分子を受容体（アクセプター，acceptor）という．アクセプターが蛍光分子の場合，ドナーからアクセプターに向けてエネルギー移動が起こるとアクセプターが励起され，その結果，蛍光が放射される．ただし，FRET が起こっても蛍光を生じない場合があり，そのほうが定量に有利であるのでよく利用される．以下の例では，蛍光を発しないアクセプター分子（消光剤，クエンチャー；quencher）の場合を考える[‡]．

　FRET の効率はドナーとアクセプターの間の距離（r）の関数であり，この距離が増大すると効率は急激に低下する（およそ $1/r^6$ に比例する）．ドナーとアクセプター間が近い場合には FRET の効率が高いため，図 6.4(a) に示すようにドナーのエネルギーは移動して消光（クエンチ：quench）される．一方，結合の切断などの理由によりドナーとアクセプターの距離が離れてしまうと FRET が起こらず，蛍光が放出されるようになる（図 6.4(b)）．

[†]　蛍光共鳴エネルギー移動（fluorescence resonance energy transfer）ともいう．
[‡]　蛍光の消光はドナーとアクセプターの隣接や接触によっても起こるが，ここでは消光メカニズムの詳細には立ち入らない．

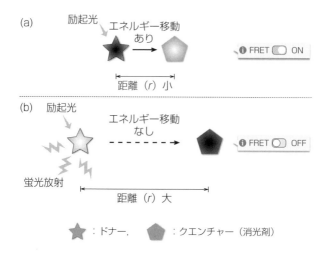

(a)　励起光　エネルギー移動
　　　　　　　　あり

距離 (r) 小

(b)　励起光
　　　　　　　　エネルギー移動
　　　　　　　　なし

蛍光放射

距離 (r) 大

★：ドナー，　⬠：クエンチャー（消光剤）

図 6.4　**ドナーとクエンチャーの間の距離と FRET の関係**

(a) ドナーとクエンチャーの距離が小さい場合には FRET が起こり，励起光が照射されてもドナーは消光される．
(b) この距離が大きい場合には FRET が起こらず，ドナーは消光されず，蛍光が放出される．

　図 6.5 に蛍光消光を利用する分析の例を示す．図 6.5(a) は DNA を分析する例である[1]．プローブ DNA は先端部の塩基対が相補的に調製されているため，最初ヘアピン構造を取っている．このため，ドナーは消光されて光は放出されない．次に，プローブ DNA に相補的な試料が添加されると，中央部で二重鎖形成が起こり，ドナーとクエンチャーが離れる．このため，ドナーからは蛍光が放出される．すなわち，このセンサではプローブ DNA に相補的な試料DNA が添加されると，その濃度に応じて蛍光強度が増大することになる．

　図 6.5(b) はアデノシン三リン酸（ATP）センサの例である[2]．まず，ATPと相互作用するアプタマーを用意する．このアプタマーはチオール（−SH）基で終端されており，金ナノ粒子（AuNP）に結合することができる．このAuNP 結合アプタマーにレポーター DNA を加えると，レポーター DNA に結合したドナー分子が AuNP に接近するかたちで結合する（接近して結合するようにレポーターの塩基配列が設定されている）．AuNP はクエンチャーとして機能するので，レポーターは消光している．この後，標的物質である ATP

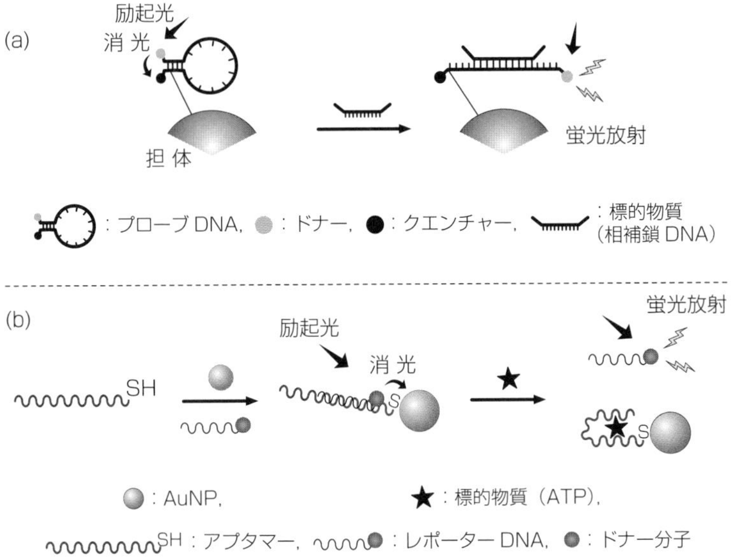

(a)

励起光
消光
担体
蛍光放射

：プローブ DNA, ●：ドナー, ●：クエンチャー, 〜〜〜：標的物質（相補鎖 DNA）

(b)

SH
励起光
消光
蛍光放射

●：AuNP, ★：標的物質（ATP）,
〜〜〜SH：アプタマー, 〜〜〜●：レポーター DNA, ●：ドナー分子

図 6.5	FRET を利用する分析例

（a）相補鎖 DNA の検出：プローブ DNA の中央部の塩基にマッチする試料が添加されると相補鎖が形成され蛍光の放射が起こる.
（b）アプタマーによる ATP の検出：アプタマーと ATP が結合すると, 消光が停止して蛍光の放射が起こる.

を加えると ATP はアプタマーと結合する. このため, レポーター DNA は解離して AuNP から離れるため消光が停止し, レポーター DNA が蛍光を放出するようになる. ATP の濃度が大きくなるほど解離するレポーター DNA の数も増えるため, 蛍光強度も強くなる.

炭素系ナノ材料

　炭素系ナノ材料としてよく用いられるのはカーボンナノチューブ（CNT）とグラフェンである．グラフェンはグラファイトの二次元小片である．CNTはグラフェンが筒状になっているものであり（図6.6），どちらも高い導電性を有しバイオセンサによく利用されている．

　CNTはバイオレセプターの反応性を向上させ，酵素などの電子移動反応を促進して電極との親和性を高めるはたらきがある．スクリーン印刷カーボン電極など，安価な電極材料では標的物質の酸化還元が貴金属電極に比べて起こりにくいことが多く，過電圧（p.97参照）が発生する．このため，これらの電極ではボルタモグラムの勾配が小さくなって感度が低下し，センサへの利用が困難になる．このような低品質な電極を改質するためにCNTは有効であり，電極上にCNTを修飾することにより過酸化水素や還元型ニコチンアミドアデニンジヌクレオチド（NADH）の過電圧が減少し，より明確なボルタモグラムが得られる．たとえば，CNTを利用すると，グルコースの測定においてGOD

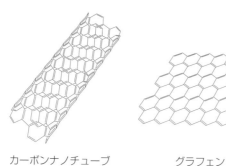

カーボンナノチューブ　　　グラフェン

図6.6　カーボンナノ材料の構造

| 図6.7 | グラフェンをクエンチャーとして用いるバイオセンサ |

(a) アプタマーはグラフェンに吸着し，色素との距離が小さいため色素（6-カルボキシフルオレセイン，FAM）の消光が起こる．
(b) トロンビンとアプタマーの結合が起こると FAM の消光が起こらなくなる．

との反応で発生する過酸化水素の定量が容易になる．また，酵素はタンパク質で構成されているので導電性が低い．このため，前述したように，酵素と電極との直接的な電子移動は困難である（4.5節参照）．酵素が CNT に吸着すると CNT への直接電子移動が可能となり，酵素–CNT–電極の間の電子移動が促進されると報告されている．

　グラフェンも CNT と同様の機能を有するが，透明であるため光学的なバイオセンサの作製にも用いられる．図6.7は消光に基づくセンサの例である[3]．この場合，グラフェンはクエンチャーとして機能し，標的物質であるトロンビンがアプタマーと結合するとフルオレセイン色素（FAM）が蛍光を発するため，31 pmol L^{-1} までの高感度定量が可能と報告されている．

6.4

金属ナノ粒子

金属ナノ粒子は最近のバイオセンサにきわめてよく登場する材料の1つである[4]．ここでは金属ナノ粒子のなかでも安定で作製しやすく，そのため最もよく利用されている金ナノ粒子（AuNP）について説明する．金のほかにも銀などの貴金属ナノ粒子もよく用いられる．

AuNP の作製を理解するには，Au^0 と Au^{III} を分けて理解する必要がある（図 6.8）．金は酸化されにくい物質であるが，王水には溶けて塩化金酸（$HAuCl_4$）を生ずる（図 6.8(a)→(b)）．この錯イオンでは金は Au^{III} に酸化されている（図 6.8(b)）．還元体（Au^0）が酸化されにくいということは，酸化体（Au^{III}）が容易に還元されるということなので，Au^{III} はアスコルビン酸やクエン酸などの穏和な還元剤の存在下でもとの Au^0 に戻る．このとき，溶液

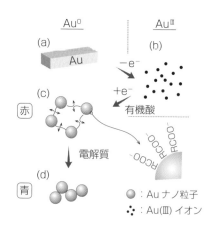

図 6.8　金の酸化還元と凝析

（a）金属金，（b）王水による酸化と Au（III）イオンの生成，（c）有機酸溶液中での還元と AuNP の生成，（d）電解質添加による凝析と色調変化．

には過剰の還元剤（有機酸）が残存しているので，その一部が AuNP の表面に吸着して負の表面電荷を与える．このため，生成した金のナノ粒子はお互いに反発して近づくことができず，溶液中ではきわめて安定に分散して存在する（図 6.8(c)）[†]．このようにナノ粒子を安定化させる物質のことを保護剤という．結局，図 6.8(a)→(b)→(c) の操作で，マクロサイズの金がナノサイズにまで切り刻まれたことになる．AuNP は直径数十ナノメートルのものが一般的である．金属の金は黄金色であるが，AuNP はこれとはまったく異なり，AuNP の分散液は赤色である．吸収波長は AuNP の直径に依存し，おおよそ，直径 5 nm では 520 nm であるが，40 nm で 530 nm，100 nm で 570 nm と報告されている．したがって，赤色とはいっても色調は直径により異なる．

一方，この AuNP 分散液に電解質を加えると凝析が起こり，青色に変化す

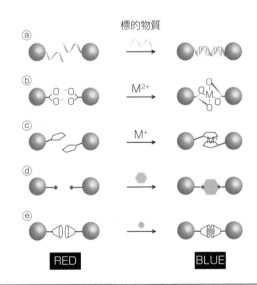

標的物質

ⓐ

ⓑ M²⁺

ⓒ M⁺

ⓓ

ⓔ

RED　　　　　BLUE

| 図 6.9 | AuNP を用いる RED–BLUE 光学センサ |

検出原理はⓐDNA 二重鎖生成，ⓑ金属イオンと錯生成，ⓒクラウンエーテル錯体の生成，ⓓタンパク質との相互作用，ⓔシクロデキストリンによる複合体形成[4]．

[†]　19 世紀に Faraday により作製された AuNP 分散液が，沈殿や変質することなく現存している．

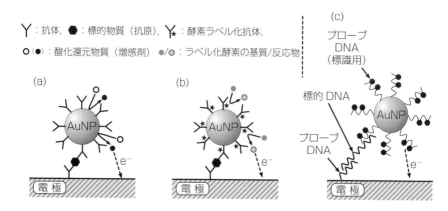

Y：抗体, ⬢：標的物質（抗原）, Y⭐：酵素ラベル化抗体,

○(●)：酸化還元物質（増感剤）　●/○：ラベル化酵素の基質/反応物

(a)　(b)　(c)

プローブ
DNA
（標識用）

標的 DNA

プローブ
DNA

電極　電極　電極

図 6.10　AuNP を利用する電気化学センサの例

（a）AuNP が酸化還元物質の生成を触媒する場合.
（b）AuNP に結合した二次抗体が酸化還元物質を生成する場合,
（c）多数の酸化還元物質がレポーター DNA に固定されている場合.
（a）,（b）の例では抗原抗体反応で AuNP が結合する.（c）の例では電極上と AuNP 上,
2 種類のプローブ DNA と標的 DNA が結合する.（抗原抗体反応については次節参照.）

る（図 6.8(d)）. この凝析による色変化を巧みに利用したのが, 図 6.9 に示す
RED–BLUE センサである. 定量には, 図に示すレセプターで表面修飾した
AuNP 分散液を用意する. この液の中に標的物質が加わると, AuNP どうしが
近づくことになり, 赤から青への明瞭な色の変化が生ずる. このため, 色変化
によって標的物質を定量することが可能となる（7.5 節参照）.

　一方, AuNP は電気化学センサにもよく利用されている（図 6.10）. ナノ粒
子には多くのラベル化剤を取り付けられるので, 高い感度も期待できる.

6.5

ELISA 法

免疫反応を利用する分析法として ELISA（酵素結合免疫吸着検査法；

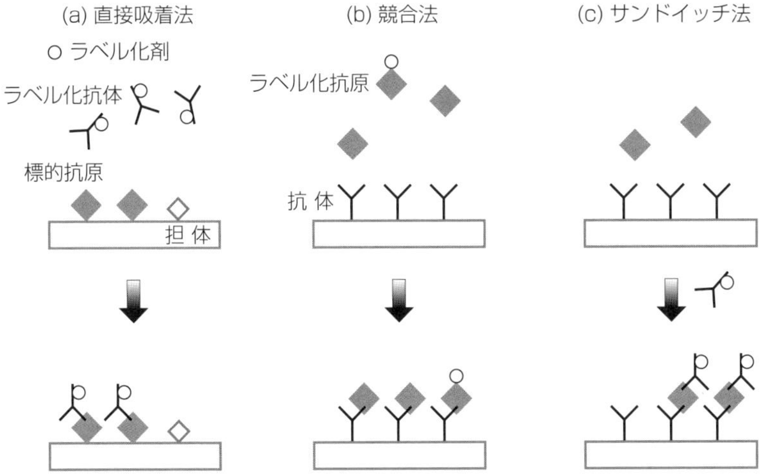

図 6.11 ELISA 法の検出原理

enzyme–linked immunosorbent assay）法が有名で，免疫反応を利用する定量法の基礎である（図 6.11）．通常，あらかじめ酵素や蛍光色素，AuNP などのラベル化剤を結合させた抗体（あるいは抗原）を用い，ラベルから生じる応答を利用して定量を行う間接的な方式である．とくに酵素をラベル化剤とする方法は高感度（$10^{-12} \sim 10^{-9}\,\mathrm{mol\,L^{-1}}$）で，現在広く使用されている．ELISA 法は直接吸着法，競合法およびサンドイッチ法に分類される．ただし，抗原が担体表面に非特異的[†]に吸着することがよく起こるので，ウシ血清アルブミン（bovine serum albumin：BSA）やスキムミルクなどを用い，担体の未修飾部分を被覆（ブロック）する必要がある．

ELISA 法のなかでも直接吸着法（図 6.11(a)）は，担体に直接吸着させた標的抗原に，これとのみ反応するラベル化抗体を加え，標的抗原を定量する方法である．原理的に非常に簡単な方法であるが，抗原ごとにラベル化した抗体

[†] 非特異という言葉は抗原 抗体や酵素 基質などの分子認識機構によらない相互作用に使われる．たとえば，疎水性表面には疎水性物質が吸着しやすいが，この相互作用は非特異である．非特異吸着が起こるとセンサの選択性が著しく低下するので，これを避ける工夫が必要となる．

を作製する必要があるので手間がかかり，抗体も高価になる欠点がある．

競合法（図6.11(b)）では，試料中に標的抗原と同じ反応性をもつラベル化抗原を一定量混合する．すると，それぞれの抗原の濃度比を維持したまま担体上の抗体に結合するので，抗体に結合したラベル化抗原の量から標的抗原の量を求めることが可能になる．この場合，標的抗原の量が少ない場合にはラベル化抗原からの信号強度が大きく，多い場合には小さくなるという逆相関の関係がある．この方法では，試料中の標的抗原の濃度がある程度予測できないと，ラベル化抗原が過少あるいは過剰となり，正確な定量が困難になる．

サンドイッチ法（図6.11(c)）では，担体上の一次抗体に特異結合した標的抗原に対してさらに二次抗体（ラベル化抗体）を加えて抗体-抗原-ラベル化抗体からなる複合体を形成する．この方法では，試料中の標的抗原の濃度に対応して二次抗体からの信号強度が増大する．この方法は標的抗原が選択的かつ高感度に検出可能であることから一般的に用いられている．

サンドイッチ法の詳細を図6.12に示す．まず，捕捉用抗体（一次抗体）を担体表面に固定し，残りの部分をBSAなどでブロックして標的抗原が担体表面に非特異吸着しないようにしておく．そこに試料溶液を添加して，標的抗原を捕捉用抗体に結合させる．この後，異なるエピトープで標的抗原と結合する二次抗体（酵素ラベル化抗体）を反応させる．さらに，この抗体の酵素と反応する基質を加え，一定時間反応させた後，反応生成物（基質反応物）を定量する．反応生成物が着色している場合は吸光度法で定量でき，このことから標的抗原の量が測定可能である．この方法では標的抗原の量が多いと結合するラベ

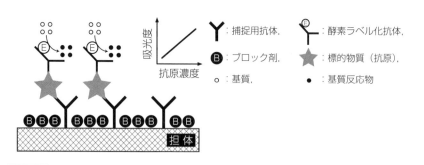

図6.12　サンドイッチ法によるアッセイの機構

ル化抗体の量も多くなる．そのため，酵素反応生成物の量も多くなり，吸光度
は標的抗原の濃度に対して正の相関をもつ．

6.6

化学発光

　光により励起された分子は基底状態に戻るとき，蛍光やりん光を放出する
（4.9節参照）．一方，化学反応により励起された分子が基底状態に戻るときも
エネルギーを光として放出することがあり，この現象を化学発光とよぶ．化学
発光には，分子が反応で励起され基底状態に戻るときに光を放出する場合（直
接発光）と，化学反応で生じた励起分子から付近の蛍光物質にエネルギー移動
が起こり，その結果，この蛍光物質が発光する場合（間接発光）の2つのタイ
プに分類できる．

　化学発光する化合物として，ルミノールが有名である．ルミノールは塩基性
条件下において過酸化水素と反応して直接発光する（図6.13）.

　酸化されたルミノールは励起一重項状態の3-アミノフタル酸となる．この
状態から光エネルギーを放出（波長460 nm）して基底状態となる．そのと
き，銅，鉄，コバルトなどの遷移金属やその錯体が存在すると，この反応が触
媒される．赤血球中のヘモグロビンはヘム（鉄錯体）を含むため，血液を触媒
として図のルミノール反応が進行する．乾いた血液でも微量のヘムが残ってい
れば強い紫青色（波長460 nm）の発光が観測される．したがって，この反応
は，金属種（M）の定量や定性に利用されるとともに，ヘモグロビン（ヘミ
ン）や血液の鑑識にも用いられている．また，反応に関与する物質（過酸化水
素）の定量に利用することも可能である．その他，ロフィン，ルシゲニンなど
が直接発光を示す化合物として知られている．また，間接発光する化合物とし
て，シュウ酸エステルが代表的である．化学反応で励起されたシュウ酸エステ

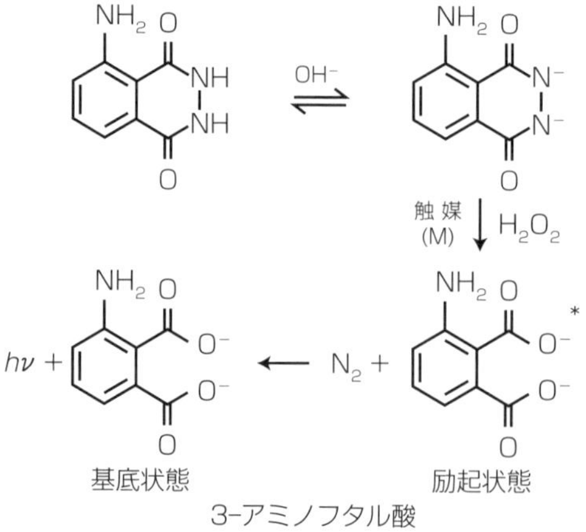

図6.13 ルミノールの化学発光機構

ルを介して蛍光物質が発光するもので，蛍光物質をラベル化剤とする検出において励起光源が不要になることから，センサ装置の構成が簡単になる．

　化学発光過程に酵素などを含む場合をとくに生物発光とよぶ．ルシフェリン（基質）とホタルルシフェラーゼ（酵素）との反応が有名である（図6.14）．ルシフェリンはルシフェラーゼとマグネシウムイオンの存在下で，アデノシン三リン酸（ATP）のリン酸部位を攻撃してルシフェリン–AMP中間体を形成する．ルシフェラーゼの作用により中間体と酸素が反応してAMPが切り離されると，オキシルシフェリンが生成する．このオキシルシフェリンは励起状態にあり，基底状態に戻るときに発光する．したがって，反応に関与する物質を発光強度に基づいて定量することが可能となり，高感度ATPセンサ（8.2節参照）として衛生管理にも用いられている．

　このようにして，化学発光や生物発光に基づくセンシングは，高い選択性や感度が得られるほかに，光源を必要としないのでセンサ装置が簡単になるなど，実用的な利点が多い．

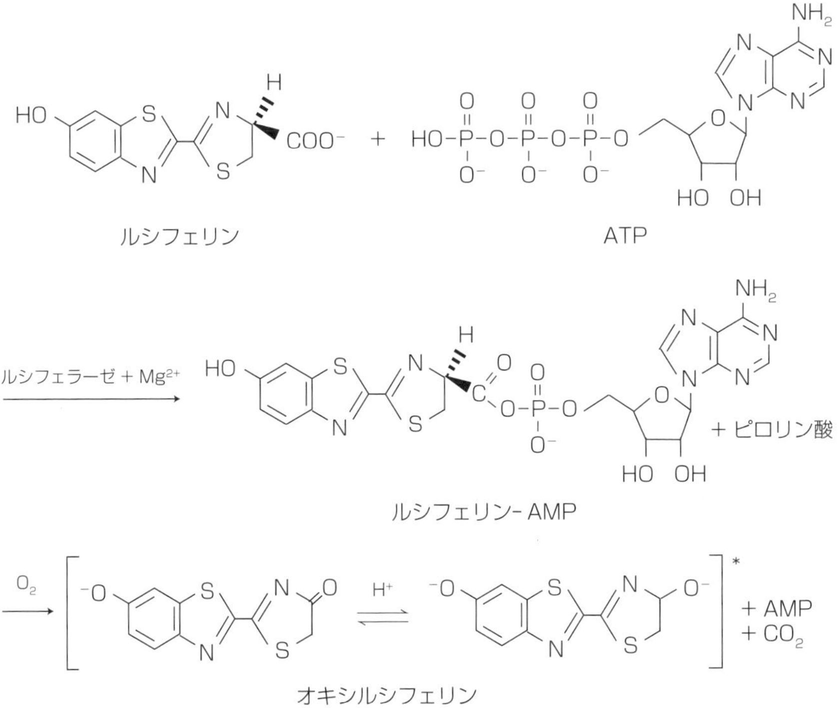

ルシフェリン + ATP

ルシフェラーゼ + Mg²⁺ →

ルシフェリン- AMP + ピロリン酸

O₂ →

オキシルシフェリン + AMP + CO₂

図 6. 14 ルシフェラーゼ反応に基づく発光機構

6.7 測定方法

　バイオセンサを用いて分析する場合，バッチによる方式（図 6.15(a)）と流れを利用する方式（図 6.15(b)）がある．バッチ法は通常の測定方式で，測定試料中にバイオセンサを挿入して測定する．通常，迅速な応答を得るために溶液を撹拌しながら測定する．流れ分析では試料溶液を流しながら測定を行う

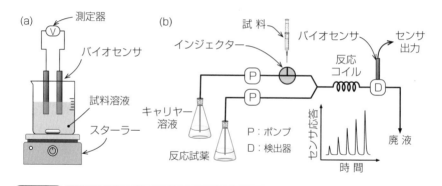

（a）バッチ法，（b）フローインジェクション法．

が，一例としてフローインジェクション法（図 6.15(b)）の測定系を示す[†]．

フローインジェクション法では通常，試料と反応試薬を反応コイルで反応させてから測定を行うが，この反応が必要のない場合には反応試薬の経路と反応コイルは不要である．図のインジェクターは液体クロマトグラフィーなどでも用いるものであり，一定容積の試料を流路に注入できる．キャリヤー溶液には緩衝液などを用いて，下流に配置したバイオセンサで検出を行う．注入した試料がセンサに到達すると応答が現れるが，しばらくして溶液はキャリヤー溶液に戻るので応答はベースラインに落ち着く．連続して試料を注入すると，フローインジェクションの応答は図 6.15(b) に挿入したグラフに示すように試料の濃度に対応した一連のピークとなる．

フローインジェクション法の利点は，連続自動分析が可能で一定時間に処理できる試料数が多いことにある．フローインジェクション分析では流路や各パーツをブロック化して構成することができる．この結果，反応やセンサ洗浄などのプロセスをタイムライン・プログラムとして実行することが可能である．フローインジェクション分析では，バイオセンサが試料に触れる時間を抑えることができ，また測定直後にセンサの再生や洗浄のためのプロセスをプロ

[†]　詳しくは本シリーズの機器分析編 10，『フローインジェクション分析』を参照されたい．

グラムできる．流れ分析では装置を小型化してマイクロチップ化した反応系も最近はよく報告されている．

$$文\qquad献$$

1 ）D. Horejsh, F. Martini, F. Poccia, G. Ippolito, A. Di Caro, M. R. Capobianchi : *Nucl. Acids Res.*, **33**, e13（2005）.

2 ）D. Zheng, D. S. Seferos, D. A. Giljohann, P. C. Patel, C. A. Mirkin : *Nano Lett.*, **9**, 3258（2009）.

3 ）H. Chang, L. Tang, Y. Wang, J. Jiang, J. Li : *Anal. Chem.*, **82**, 2341（2010）.

4 ）椎木 弘，長岡 勉：ぶんせき，**3**, 94（2018）.

Chapter 7
バイオセンサの種類と用途

　本章では，現在，活発に研究されているさまざまなタイプのバイオセンサについて述べる．センサの実用化には長期安定性や妨害物質の検討など，多くの試験を通過する必要がある．このような観点からは，本章に示すセンサにはまだ実用化には至らないものもあるが，最新のバイオセンサを理解するうえで重要な概念および技術が含まれているので，ここに解説する．

食品・農薬・環境分析センサ

　食品，農薬，環境分析でバイオセンサが使用できると，装置の小型化が可能であり，前処理工程も少なく，したがって，現場（on-site）での測定が容易である．しかし，環境分析に関しては，これまで述べてきた酵素センサでは特定の環境汚染物質に限定されることが多い．これは，環境汚染物質を基質とする酵素の数が限られているためである．一方，重金属，フェノール類，有機リン化合物（除草剤）などの環境汚染物質は毒物であるため，低濃度でも酵素反応を阻害することが多い（図3.3(b)，(c) 参照）．このため，酵素活性の阻害を利用するセンサは高感度であり，近年，数多く報告されている[1,2]．たとえば，アセチルコリンエステラーゼ（AChE）を固定化したスクリーン印刷電極センサでは，10^{-9} mol L^{-1} レベルの有機リン系農薬（パラオキソンなど）の検出が可能であると報告されている．

　阻害を利用する酵素センサの応答は図7.1のようになる．まず，測定セル内に一定量の基質を加え，センサの応答を一定に保つ．このセルに阻害剤（農薬など）を添加すると応答の低下が起こるので，その程度から阻害剤を定量する．センサの応答の低下は，実験条件により変化するので，分率のかたちにして整理する．

$$I_i = \frac{R_0 - R_i}{R_0} \times 100 \ （\%）\tag{7.1}$$

ここで I_i は阻害の程度（%），R_0 は阻害剤 I を添加する前のセンサの応答，R_i は阻害剤添加後の応答である．したがって，図7.1に示すように，生成物 P を生ずる酵素反応が応答 R_0 を起こし，阻害剤を加えたときに EI を生成する反応が応答を R_i に減らす（競争的阻害の場合）．

　阻害は可逆的であることも非可逆的であることもある．可逆的阻害では，阻

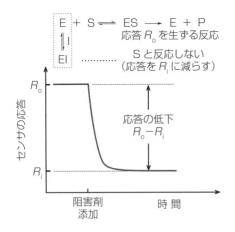

$$E + S \rightleftharpoons ES \longrightarrow E + P$$
応答 R_o を生ずる反応

S と反応しない
（応答を R_i に減らす）

応答の低下
$R_o - R_i$

センサの応答

阻害剤
添加

時　間

図 7.1 | 阻害に基づくセンサの応答

E：酵素，S：基質，I：阻害剤，P：酵素反応生成物.

害剤と酵素の間で結合と解離が可能であり，阻害剤の解離処理の後にセンサの再利用（再生）が可能となる．阻害が非可逆の場合には，そのセンサの使用は1回かぎりであり，センサ（あるいはセンサチップ）は使い捨て可能（ディスポーザブル）なシステムになる．このように，阻害を利用するセンサでは，通常の酵素センサとは異なる手順や実験条件が必要となるので，以下に簡単に説明する.

（A）センサの再生

　阻害剤と酵素が共有結合して，その結果，酵素が変形すると酵素の活性は永久に失われる．したがって，この場合，阻害剤の検出は一度かぎりとなる．ただし，回避策は研究されている．たとえば，重金属イオンは，酵素のチオール基と結合して反応を阻害することがある．このような場合，使用後のセンサをエチレンジアミン四酢酸（EDTA）溶液や硫黄元素を含む化合物（システイン）に浸しておけば，ある程度機能が回復することが報告されている.

（B）有機溶媒の効果

　農薬や環境汚染物質は有機化合物の場合が多い．したがって，食品などから

のこれらの物質の抽出は，通常，有機溶媒（アセトニトリル，エタノール，ジメチルスルホキシドなど）を用いて行われる†．ただし，有機溶媒中では酵素は失活するのが普通であるので，有機溶媒の混入が定量の妨げにならないように注意する必要がある．

7.1.1
農薬の定量

農薬（殺虫剤や除草剤）は酵素反応を阻害するので，高感度なセンサが作製できる．阻害機構のバイオセンサで定量されている農薬を図7.2に示す．殺虫剤としては有機リン系およびカルバメート系を挙げている．測定方法としては光学測定，電気化学測定が主であるが，ここでは研究例の多い電気化学測定法（アンペロメトリー）について説明する．AChEは，シナプス間隙に放出され

殺虫剤

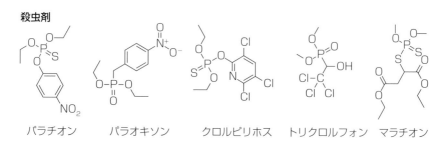

パラチオン　　パラオキソン　　クロルピリホス　　トリクロルフォン　　マラチオン

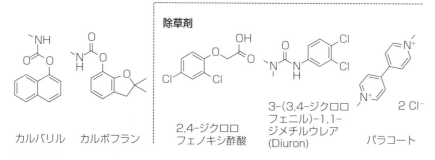

除草剤

カルバリル　　カルボフラン　　2,4-ジクロロフェノキシ酢酸　　3-(3,4-ジクロロフェニル)-1,1-ジメチルウレア(Diuron)　　パラコート

| 図7.2 | バイオセンサで測定されている農薬の例 |

---

†　その方法は，本シリーズの応用分析編5，『食品分析』に詳しく記載されている．

るアセチルコリンを分解する酵素である（式(7.2)）[†]．農薬が AChE に結合すると，阻害により式(7.2) が起こらなくなる．反応では酢酸が生成するので，pH 電極，ISFET[‡]を用いてパラオキソンメチルなどが 0.2ppm 程度まで検出されている．pH 応答色素を用いると，吸光度法でも阻害物質の定量が可能である．

$$\text{アセチルコリン} + H_2O \xrightarrow{\text{AChE}} \text{酢 酸} + \text{コリン} \tag{7.2}$$

アンペロメトリーによる定量メカニズムの概要を図 7.3 に示す．AChE はアセチルチオコリンも触媒し，生成したチオコリンは電極で酸化される（式(7.3),(7.4) および図 7.3(a0)）．

$$\text{アセチルチオコリン} + H_2O \xrightarrow{\text{AChE}} \text{チオコリン} + CH_3COOH \tag{7.3}$$

$$2\left[\text{チオコリン}\right] \longrightarrow \text{ジチオビスコリン} + 2H^+ + 2e^- \tag{7.4}$$

したがって，試料溶液に前もってアセチルチオコリンを添加しておくと，農薬

[†] シナプス間隙（synaptic cleft）は数十ナノメートルのきわめて小さい隙間で，シナプス前膜に神経インパルスが到達するとこの隙間にアセチルコリン（神経伝達物質）が放出される．アセチルコリンはパルス到着後，1 ms 以内に 10 nmol L^{-1} から 500 μmol L^{-1} の濃度に増大し，シナプス後膜に結合して情報が伝達される．使用済みのアセチルコリンは次の信号伝達に備えてすぐに分解される必要があるが，この役目を受け持つのが AChE である．

[‡] イオン選択性電界効果トランジスター（ion sensitive field effect transistor）：FET のゲート上にイオン選択性膜を取り付けた電極．pH電極（4.16節参照）が代表的．

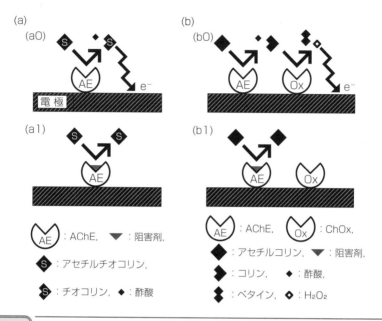

図7.3 農薬アンペロメトリックセンサの仕組み

(a) アセチルチオコリンを基質とする場合，(a0) 阻害剤（農薬）を添加する前の状態，(a1) 阻害剤が添加された後の状態.
(b) AChE と ChOx を併用する場合，(b0) 阻害剤を添加する前，(b1) 阻害剤が添加された後の状態.

による AChE の失活によりチオコリンの生成が減少し，酸化電流も小さくなる（図7.3(a1)）.

また，AChE とコリンオキシダーゼ（ChOx）を組み合わせてもよい（図7.3(b)）. すなわち，AChE と ChOx，2種類の酵素を1つの電極に固定し，式(7.2) によって AChE でコリンを生成させる. この後，生成したコリンを ChOx により酸化する（式(7.5)）. ChOx は酸化酵素であるので，酸素が過酸化水素に還元される. したがって，酸素の減少あるいは過酸化水素の生成を検出すれば（式(7.6)），農薬による AChE の阻害の程度がわかる. ChOx を用いる理由は，コリンが電極で酸化されにくいためである. この場合にもピコモル濃度レベルのトリクロルフォンの定量が報告されている.

$$\underset{\text{コリン}}{\underset{\text{HO}}{\overset{\text{H}_3\text{C}}{\underset{\text{CH}_2\text{CH}_2}{\overset{\displaystyle |}{\text{N}^+}}}}\overset{\displaystyle \text{CH}_3}{\underset{\displaystyle \text{CH}_3}{}}} + 2\,\text{O}_2 + \text{H}_2\text{O} \xrightarrow{\text{ChOx}} \underset{\substack{\text{ベタイン}\\ \text{(トリメチルグリシン)}}}{\underset{\text{HO}}{\overset{\text{O}}{\overset{\displaystyle \|}{\text{C}}}}\underset{\text{CH}_2}{}\overset{\text{H}_3\text{C}}{\underset{\text{CH}_3}{\overset{\displaystyle |}{\text{N}^+}}}\overset{\displaystyle \text{CH}_3}{}} + 2\,\text{H}_2\text{O}_2 \qquad (7.5)$$

$$\text{H}_2\text{O}_2 \longrightarrow \text{O}_2 + 2\,\text{H}^+ + 2\,\text{e}^- \qquad (7.6)$$

AChE センサの阻害は可逆的であるので，ヨウ化プラドキシム（PAM）による再生が可能であるが，一般には安価なスクリーン印刷電極を用いたディスポーザブルチップを作製するほうが簡単であろう．

7.1.2
重金属イオンの定量

　水銀や銅，カドミウム，鉛，亜鉛，ニッケルなどの重金属イオンが阻害計測の酵素センサで研究されている．水銀イオンの場合には，ペルオキシダーゼ（HRP），ウレアーゼ，GOD などの酵素を利用した報告がある．有機水銀に関しても報告例がある．カドミウムイオンでは，ウレアーゼ，ブチリルコリンエステラーゼ，銅イオンでは，GOD，ウレアーゼ，AChE などが報告されている．

7.1.3
実分析への応用

　環境水，土壌，食品をおもな対象として，重金属，農薬，その他の毒物が阻害計測センサにより測定される．実際には，阻害計測センサは実分析への応用が困難な場合も多い．それは，これらのセンサは阻害物質には鋭敏に応答するものの，選択性が低いためである．たとえば，実際の試料では，センサ応答があったとしても，それがどのような農薬によるものか，また，重金属イオンによるものか，あるいは他の毒物によるものか，判断が付きにくいことがある．現時点では阻害に基づく酵素センサは，警報システムへの応用が実用的であると思われる．スクリーン印刷電極上に酵素電極を作製し，ディスポーザブルセ

ンサとして使用すれば，現場での毒物の一次スクリーニングに適したセンサシステムが構築可能である．また，流れ系で使用すると，連続測定によるオンライン警報システムが構築できる．

7.2 免疫センサ

　免疫センサ（immunosensor）は，抗原抗体反応を利用するセンサであるが，選択性が高く感度も高いことから，よく使用されている．ただし，抗原と抗体の結合が強固であるため，ほとんどの免疫センサは一度のみの使用しかできない．これは，酵素が基質と結合・解離を繰り返し，連続的に機能することと対照的である．このことより，免疫センサはディスポーザブル化への要求が強い医療分析に適しており，タンパク質や毒性物質，病原菌の定量や，がんや感染症のバイオマーカーなどに利用されている．センサのトランスデューサーとしては，アンペロメトリー電極，光学素子（吸光，蛍光，SPR），質量（QCM）など，これまで述べてきたものが多く利用されている．ただし，前にも述べたように，免疫反応は結合のみで副生成物や直接電子移動が生じないので，たいていの場合，何らかのラベル化が必要となる（図3.2(b) 参照）．SPRやQCMの場合には原理上必要ではないが，高感度化のためにしばしばラベルが使用される．図7.4に免疫センサの例を示す．

　図7.4の (a)，(b) はサンドイッチ・イムノアッセイの派生型である．図6.12に示した系では色の変化から定量を行うが，センサとして利用するためには電気化学的に検出できると便利である．このため，図7.4の例では酵素反応生成物が電極活性となるように工夫されている．図7.4(a) において，西洋ワサビペルオキシダーゼ（HRP）は過酸化水素を基質とし，これを水に還元する酵素である（6.1.1項参照）．測定手順は，まず，捕捉用抗体を電極上に固

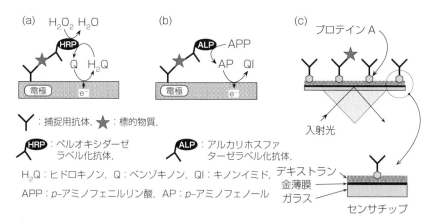

図7.4 免疫センサの検出機構

(a) ペルオキシダーゼラベル化抗体を用いる電気化学センサ.
(b) アルカリホスファターゼラベル化抗体を用いる電気化学センサ.
(c) 標識不要の光学センサ（SPR）.

定する．次に標的物質（抗原）をこの抗体と反応させ，さらにHRPラベル化抗体を加える．最後に，溶液中に過酸化水素，ヒドロキノン（H_2Q）を添加して，酵素反応生成物であるベンゾキノン（Q）の還元電流を測定する．HRPへの電子供与の結果，H_2QはQに酸化されるが，Qは電極で再還元される（式(7.7)）．結局，発生する電流は標的物質の量に比例し，定量が可能となる．

$$\text{ヒドロキノン} \rightleftharpoons \text{ベンゾキノン} + 2\,e^- + 2\,H^+ \tag{7.7}$$

図7.4(b) に示すアルカリホスファターゼ（ALP）を用いる系も，数多く報告されている．この酵素は，リン酸エステルを加水分解してフェノールにする．図で，p-アミノフェニルリン酸（APP）はALPによりp-アミノフェノール（AP）となり，これは電極上で酸化されてキノンイミド（QI）となる．APPはAPの酸化電位では不活性であるので，電極上ではAPのみが酸化される．

$$\text{APP} \xrightarrow{\text{ALP}} \text{AP} \underset{2\,H^+,\,2\,e^-}{\overset{-2\,H^+,\,-2\,e^-}{\rightleftarrows}} \text{QI}$$

p-アミノフェニルリン酸　　　　p-アミノフェノール　　　　キノンイミド
（APP）　　　　　　　　　　　（AP）　　　　　　　　　　（QI）

$$\text{(7.8)}$$

　図 7.4(c) は SPR（4.19.3 項参照）をトランスデューサーとして用いる標識不要の光学センサである．このセンサの場合，捕捉用抗体はデキストラン修飾されたセンサチップにプロテイン A を介して固定されている．プロテイン A は抗体の Fc 領域（図 3.6 参照）に結合するため，レセプター固定用の足場（scaffold）としてよく利用される（5.3.2 項参照）．このセンサでは標的物質の結合が起こるとセンサ膜表面の誘電率が変化することを利用している．

　免疫センサは選択性，感度の面で他のバイオセンサに比べて有利であり，また用途も医療用に適していることから，よく研究されている．選択性，感度を

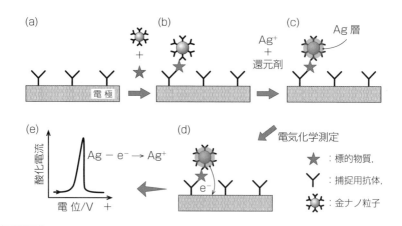

図 7.5　AuNP を用いた電気化学的な増感技術

（a）抗体修飾電極，（b）標的抗原および抗体修飾 AuNP の添加，（c）銀層の導入，（d）銀イオン酸化電流の測定，（e）銀のストリッピングボルタモグラム[†]．

†　ストリッピングボルタモグラム：定量したい物質（この場合は銀イオン）を電極上に析出させて濃縮し，その後，電位を掃引して溶出させる．このとき観測される電流–電位曲線のことで，高感度になる特徴がある．

さらに増強するため，多様なナノ材料が試されており，現在，きわめて活発に研究開発が行われている．ナノ材料として AuNP を用いる例を図 7.5 に示す[3]．この例で標的物質は腫瘍マーカー（糖タンパク質）であるが，AuNP と銀増感技術を用いた高感度センサ（定量下限〜4 pg mL^{-1}）が報告されている．ここでは，直径 20 nm 程度の AuNP が用いられている．導電性のない抗原上では銀の還元は起こらないので，AuNP は銀めっきの核として機能している（図 7.5(c)）．バイオ分野では銀イオン還元による増感はよく使用される．還元時間を増加させることにより，AuNP に対する金属銀の被覆量を増やすことが可能で，これにより，ボルタンメトリーの酸化ピークを増強することが可能である．ただし，電極自体に銀の析出が起こらないように注意する必要がある．定量に関しては，抗原の量に比例して電極表面に導入される銀の量も増えるので，銀酸化のピーク電流は抗原量に比例する（図 7.5(e)）．

7.3 DNA センサ

DNA チップ（マイクロアレイ）を蛍光スキャナーにより読み取ることで遺伝子情報の網羅的な解析が可能になり（4.19.2 項参照），一塩基多型の解析によって個人に最適なオーダーメイド医療も可能になりつつある．DNA のセンシングについては，すでに多くの例を説明してきたが，ここでは新たなタイプを含めて説明する．

7.3.1
金属ナノ粒子を用いる方法

Mirkin らは，AuNP 分散液の色が粒子の分散状態に依存することを分析化学的に応用した（図 6.9 参照）[4]．一本鎖オリゴヌクレオチド（プローブ DNA）

を修飾したAuNP分散液は赤色を呈する．この分散液にプローブDNAと相補的な塩基配列をもつDNAが存在すると二重らせん構造が形成されてAuNPが連結され，溶液は青色を呈する．この溶液を加熱すると塩基対が解離してAuNPがもとの分散状態に戻り，赤色を示す．DNAの解離する温度が二重鎖構造中のミスマッチ塩基数に依存することを利用して，遺伝子の定性分析が行われた．

7.3.2
電気的な方法

DNAのセンシングは，蛍光色素やAuNPなどのラベル化に基づいた光学的方式が主流であったが，小型化，低コスト化の観点から，電気化学的な検出方式の開発も進められている．キャプチャーDNA断片を固定した電極表面において，標的DNA断片と二重鎖を形成させる（図7.6(a)）．その後，二重鎖に特異結合する挿入剤（インターカレーター）を添加する[5]．インターカレーターは電気化学活性であるので，二重鎖が形成されたDNAから電流応答が得られ，塩基対のマッチ，ミスマッチが判定できる．同様に，電極上のキャプチャーDNAに結合した標的DNAと，フェロセンなどの電気化学活性種でラベル化したプローブDNAとの結合により二重鎖を形成させ，フェロセンの電流応答を読み取ることでもセンシングが可能である[6]．異なるタイプのセンサとして，DNAの導電性を検出するセンサも報告されている．ナノメートル程度に分離した一対の電極間にプローブDNAを配置し，バックグラウンドの電気抵抗を測定する．この後，標的DNAを添加すると，二重らせん形成に伴って並列抵抗が形成されるので，DNAに基づく電気抵抗は低下する（図7.6(b)）．実際にAuNP配列を用いた実験から電気抵抗の低下が観測された（図4.19参照）[7]．

プローブDNAはその末端をチオール化することで，電極やラベル化物質との結合が容易になる．電極としては，金あるいはITOなどプローブDNAの修飾が容易な材料が用いられる．たとえば，多数の金電極をパターニングした1枚のガラス製電極チップを作製することで，多くの遺伝子を同時に検出することができる．現在，電気化学DNAセンサの電極数は従来のDNAチップの

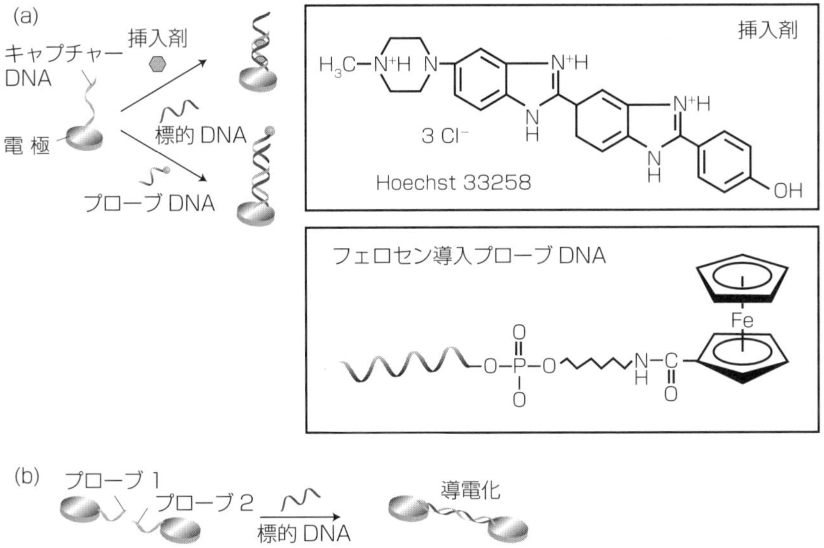

図 7.6 電気的 DNA センサの概念

（a）電流応答型[5,6]と（b）電気抵抗型[7].

スポット数に劣るが，遺伝子の網羅的解析というよりも，その用途を簡便かつ迅速なセンシングに限れば，実用化も近いと思われる.

7.3.3
DNA 以外の標的物質への応用

　DNA は遺伝情報だけでなく，有機化合物や金属イオンの分析にも用いることができる.　図 7.7 は，環境汚染物質のヘキサクロロベンゼン（HCB）の定量に DNA を応用する例である[8].　前項で述べたように，平面的な有機化合物は DNA に挿入されることがある.　この場合，HCB とメチレンブルー（MB）が挿入される.　MB は式(7.9) で示される可逆的な酸化還元反応を起こし，電気化学的なマーカー分子としてよく利用される.

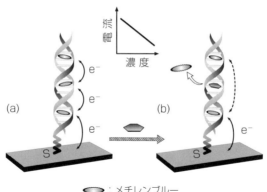

：メチレンブルー

：ヘキサクロロベンゼン

図7.7 DNA 二重鎖への挿入を利用する HCB センサ

$$\text{メチレンブルー} + 2e^- + H^+ \rightleftharpoons \text{ロイコメチレンブルー}$$

メチレンブルー   ロイコメチレンブルー

$$(7.9)$$

まず，図7.7(a) のように片方が−SH で終端された DNA 二重鎖を金電極上に修飾し，MB と反応させた後に溶液中に浸漬しておく．この溶液に標的化合物のクロロベンゼン（HCB）を添加すると MB が HCB に置換される（図7.7(b)）．HCB は酸化還元されにくいので，DNA の導電性が阻害されることになり電解電流は減少する．HCB の濃度が大きいほど置換が進み，DNA 二重鎖の電子移動活性が低下する．そのため，観測される電流は低下し，負の相関を有する検量線が得られる．

このように，負の相関を有するセンサの応答をシグナル−オフ型（singanl−off）という．これに対して，正の相関をもつセンサ応答はシグナル−オン型（signal−on）とよばれる．

DNA は有機化合物だけでなく，金属イオンの定量にも使用できる．図7.8は水銀イオン（Hg^{2+}）の光学センサで，すでに述べた RED−BLUE センサ（図

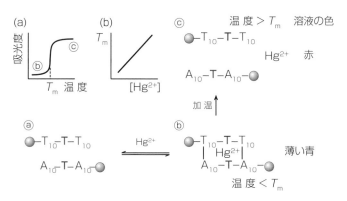

図7.8 DNA–AuNP 複合体センサの Hg^{2+} イオンに対する応答

6.9参照）の応用例である[9]．図の DNA 鎖で，T_{10} および A_{10} は，チミン塩基およびアデニン塩基が 10 個連続する DNA 鎖を示す．DNA 鎖の片方は $-SH$ で終端されており，AuNP と結合している．まず，$AuNP-T_{10}-T-T_{10}$ と $A_{10}-T-A_{10}-AuNP$，2 つの DNA に水銀イオンを加える（図7.8ⓐ→ⓑ）．すると，A と T は相補的に結合するので，図7.8ⓑのように二重鎖が生成する．ここで，中央部分で対峙する 2 つの T はミスマッチとなっており，塩基対が形成されない．そのため，水銀イオンがこの部分に侵入でき，$T-Hg^{2+}-T$ の配位結合が生成する．すなわち，2 つの T が水銀イオンのキレート化剤となって水銀イオンを抱え込むことになる．すでに述べたように AuNP は近づくと青色になるので，この時点で溶液の色は薄い青色である．

　一方，二重鎖 DNA はある温度以上になると解離し，2 本の独立した DNA 鎖となることが知られている．ここでは，この温度を T_m とする．したがって，図7.8ⓑの状態では溶液は薄い青色であるが，加温して T_m 以上の温度になると DNA の解離が起こり（図7.8ⓒ），溶液の色は独立した AuNP の色の赤になる．そこで，AuNP が示す赤色の吸収波長（535 nm）で吸光度の変化を測定すると，図7.8(a) に示すように DNA の解離温度 T_m を境にして吸光度が急激に増大する．ここで，水銀イオンの濃度が大きくなるほど図7.8ⓑの状態が安定化するので，解離温度を増大させる必要が出てくる．この結果，図7.8(b) に示すように水銀イオン濃度を横軸，T_m を縦軸としてプロットする

と正の相関が観測され，試料の T_m を測定することにより水銀イオンが定量できる．標的分子の濃度と応答が正の相関をもつので，センサはシグナル-オン (signal-on) 型である．このセンサの水銀イオンに対する選択性は良好で，アルカリ金属，アルカリ土類金属，亜鉛イオン (Zn^{2+})，ニッケルイオン (Ni^{2+}) や鉄(II)イオン (Fe^{2+}) などの重金属イオンに対しても10倍程度かそれ以上の選択性が報告されている．

7.4 アプタマーを利用するセンサ

DNA および RNA は4種類の塩基から構成されていることはすでに述べた（3.2.4項参照）．したがって，これらの塩基はルイス酸（陽電荷，陽分極した官能基や分子領域など）と相互作用しうる．また，標的物質は，アプタマの塩基の芳香環と π–π 相互作用により相互作用することがあるほか，水素結合などでも結合する．

図7.9はアプタマーを用いたバイオセンサの例である．標的分子としてトロンビンの例が報告されている[10]．まず，トロンビンと結合するアプタマーを取得し，電極表面に固定する．このアプタマーの先端にはメチレンブルーのような酸化還元分子（マーカー分子）が取り付けられている（式(7.9) 参照）．このアプタマー固定電極を電解質溶液中に浸漬すると，マーカー分子は電極の近くにいるので電流が流れる（図7.9(a)）．その後，トロンビンを溶液に添加すると，相互作用によりアプタマー内に三次元構造が誘起される．この結果，アプタマーの立体構造が変化してマーカー分子が電極より離れる（図7.9(b)）．電子移動反応の速度は電子の移動距離に対して指数関数的に減少するので（式(4.33) 参照），トロンビン-アプタマーの結合により電流は減少する．トロンビンの濃度が増大するにつれ，電極上では図7.9(b) のかたちのアプタマーが

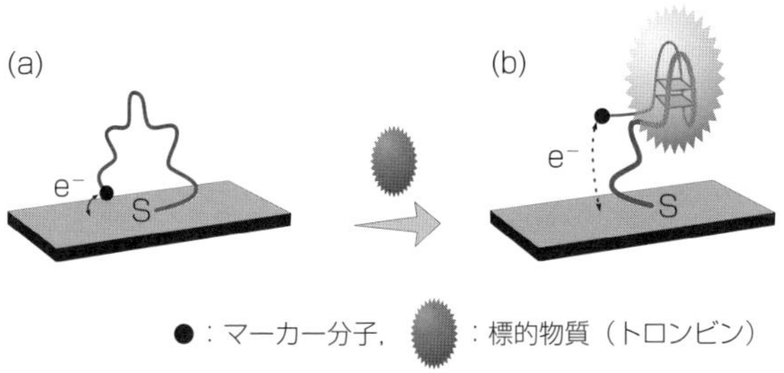

● : マーカー分子, ● : 標的物質（トロンビン）

図7.9　アプタマーを用いるシグナル–オフ型電気化学検出法

(a)，(b) については本文参照.

増えていくので，電流値は減少する．したがって，このセンサはシグナル–オフ型である．

　アプタマーを用いたシグナル–オン型のセンサを図7.10に示す[11]．オクラトキシン（OTA）はカビ毒（マイコトキシン）の一種で，図はこの分子を標的とするセンサである．あらかじめ，OTAと結合するアプタマーを取得しておく．また，このアプタマーとループ部において相補関係にあるDNAも取得しておく．さらに，このDNAの先端部には酸化還元マーカー分子（フェロセン[†]，図7.11）を取り付けておく．ここで，DNAはヘアピン構造を取るように両端の塩基が相補的な並びになっている．このDNAを金電極上に固定し（図7.10(a)），アプタマーと溶液中で結合させる．このあと，電極表面には6-ヒドロキシ–1–ヘキサンチオール（$HS(CH_2)_6OH$）をブロック化剤として加え隙間を埋める（図には表示していない）．このため，DNA–アプタマーの二重鎖構造体は電極に直立するかたちとなり，先端のマーカー分子（フェロセン）が電極面から離れるので，流れる電流は小さい（この電流がバックグラウンド電流となる）（図7.10(b)）．ここで，標的分子のOTAを電極上に加えると，アプタマーとOTAの相互作用により二重鎖からアプタマーの解離が起こる

[†]　フェロセン（ferrocene）：化学式は$Fe(C_5H_5)_2$で表されるが，鉄イオンが2つのシクロペンタジエンで挟まれるサンドイッチ構造をしている（図7.11右）．中心の鉄イオンは2価で，3価に酸化され，その逆反応も起こる．可逆的できれいなCVピークを与えるので，マーカー分子，メディエーター分子としてよく利用される．

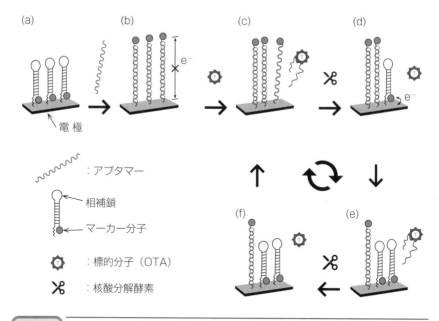

図7.10 化学増幅型のアプタマーセンサ

(c)→(d)→(e)→(f)→(c) のように化学的な仕組みにより感度を増大させることを化学
増幅（chemical amplification）という.

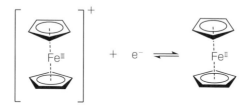

図7.11 フェロシニウムイオン（Fe^Ⅲ）とフェロセン（Fe^Ⅱ）の酸化還元機構

（図7.10(c)）．これに伴い DNA がヘアピン構造を取るためにマーカー分子が
電極表面に近づき，電流が流れる（図7.10(d)）．したがって，このセンサは
標的分子が存在すると電流が流れるシグナル-オン型の応答となる.

　さらに，このセンサでは，測定溶液に核酸分解酵素を加えて，より高感度な
測定を行っている．核酸分解酵素は OTA と結合したアプタマーを分解する

ので，OTA がさらにアプタマーを解離させることができる（図7.10(c)→(d)→(e)→(f)→(c)）．この結果，電極近傍のマーカー分子の数が増えるので，分解酵素と一定時間反応させた後の電流を測定することにより，高感度な OTA の定量が可能となる．実際，核酸分解酵素のはたらきにより，20倍程度の感度上昇が報告されている．また，他のタンパク質，たとえばトロンビンは OTA に比べて1/8程度の感度であり，OTA に対する選択性も確認されている．

7.5

金属ナノ粒子を利用するセンサ

　金属ナノ粒子は実験室レベルで容易に作製でき，金属の種類や大きさ，形の違いに基づいた特徴的な性質をもつことから，ナノテクノロジーを支える基本的構成要素として発展してきた．とくに金（Au）のナノ粒子は化学的安定性が高く，表面の修飾による機能の組込みも容易であることから，早くからバイオセンシングに利用されてきた（6.4節参照）．AuNP の局在表面プラズモン共鳴（LSPR）に基づく吸収は，分散した状態では赤色（約520 nm）であるが，凝集するとこれより長波長側へシフトする．このことを利用して，Mirkin らは AuNP 分散液の色が粒子の分散状態に強く依存することを DNA センシングに応用した[4]．この成功例により，AuNP 分散液の色調変化がさまざまなバイオ分析に利用できることが示された（図6.9参照）[12]．

　ラクトースを表面修飾した AuNP は，β-D-ガラクトース残基を特異的に認識する2価レクチン（RCA 120）との結合により凝集する．タンパク質抗原（プロテイン A）を結合した AuNP は特定種の免疫グロブリンに高い親和性を有することから，その分散状態が変化する．AuNP による色調変化は薄層クロマトグラフィー用プレート上でも観察でき，その有用性は流動相にとどまらず

固相における検出にも展開されている．その代表例として，イムノクロマト法が挙げられる[13]．詳細については，8.3節で紹介する．

バイオイメージングは細胞や組織の形態を動的に把握する技術であり，生体内での物質の分布，輸送や反応経路が可視化される．広義において，イメージングはセンシングを二次元，三次元的に示したものであるが，位置情報に加えて異なる種類の情報を同時に得るため，反応や分布について詳細な解析が可能になる．通常，回折限界以下のサイズ（＜200 nm）をもつ物質の直接的な光学観察は困難であるが，AuNP（粒径1～100 nm）のLSPRに基づく散乱光は暗視野において鮮明に観察される．この特徴的な散乱光は細胞表層や生体組織内部においても容易に識別でき，退色や明滅による偽陰性が生じない．さらに，高い生物適合性を有するため，AuNPをラベルとすることで，常温常圧下において生体試料の構造や機能をリアルタイムで観察することができる．

がん化した細胞に過剰発現する上皮成長因子受容体（epidermal growth factor receptor：EGFR）に特異結合する抗体を修飾したAuNPを用いると，がん細胞を可視化することができる[14]．AuNPを含む培養液中において，AuNPは正常細胞に対しては結合しないが，がん細胞には密に結合する．したがって，暗視野においてがん細胞は黄緑色（赤の補色）の強い散乱光として観察される．

緑膿菌（*Pseudomonas aeruginosa*）は細胞膜内輸送タンパク質の異物排出機能により，さまざまな抗生物質に対して耐性を有する．細胞膜において3種類のタンパク質により構成される複合体は，多様なコンホメーションにより物質の透過を制御する．同一粒径のAuNPに所定量の銀を被覆することにより，粒径に基づいて異なる散乱光を生じる粒子（粒径50 nm：青，70 nm：緑，および95 nm：赤）を用いて，膜輸送タンパク質の透過性および排出機能の追跡が可能である[15]．暗視野下において，青，緑色の光スポットは緑膿菌の細胞膜を透過し，数秒から数時間細胞内に留まった後，細胞外に排出される．一方，赤色のスポットは細胞膜を透過しなかった．このようにして，細胞膜内輸送タンパク質のサイズ適応性が明らかになり，緑膿菌の多剤耐性化に関する有益な知見が得られている．

同様に，AuNPの散乱光に着目した細胞外物質輸送工程（エンドサイトーシ

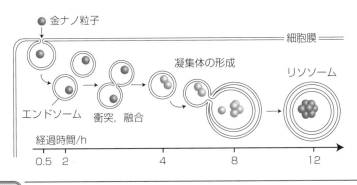

金ナノ粒子

細胞膜

凝集体の形成

リソーム

エンドソーム　衝突，融合

経過時間/h

0.5 2　　　　　　4　　　　　8　　　　　12

図 7.12　HeLa 細胞内での AuNP の輸送

【出典】椎木 弘，長岡 勉：ぶんせき，**3**，94（2018）.

ス）の追跡も可能である[16]．AuNP を含む培養液中において Hela 細胞[†]を暗視野観察すると，培養初期では AuNP は分散状態を示す緑色の弱い散乱光として細胞膜近傍に観察されるが，培養時間の経過に伴い細胞の中心付近（核近傍）に AuNP の凝集を示す黄色の強い散乱光が観察される．これは，細胞膜を通じてエンドソームに取り込まれた AuNP がエンドソームどうしの衝突，融合を経て，凝集しながら最終的にリソームに凝集体を形成するためである（図 7.12）．このような輸送工程を AuNP の散乱光に着目することで追跡することができる．

　グラム陰性菌は外膜表面にリポ多糖（lipopolysaccharide：LPS）をもち，この LPS に起因する内毒素（エンドトキシン）は，集団食中毒や感染症をひき起こす要因となる．LPS は脂質部，コア多糖，O 多糖（O 抗原）からなる．脂質部は疎水性であるので，外膜（脂質二分子膜）に挿入され，これにより LPS は細菌表面に固定される．このため，コア多糖，O 抗原からなる多糖部位が細菌の外側に突き出たかたちで存在する．O 抗原は血清型に特異的な糖鎖配列をもつため，細菌表面の化学構造に着目したイメージングや菌種，血清型の同定が可能である[17]．コア多糖はリン酸基を含むので，細菌細胞は負のゼー

---

†　子宮頸がん由来の細胞であり，ヒト由来の最初の細胞株．この名称は原患者 Henrietta Lacks に因む．

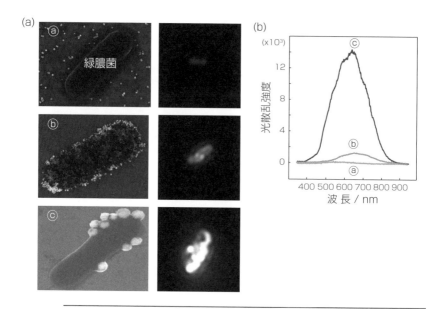

図 7.13 AuNP で標識した緑膿菌の電子顕微鏡（(a) の左列）と暗視野顕微鏡像（(a) の右列）および光散乱スペクトル（b）

(a) ⓐカルボキシ基導入 AuNP は細菌に吸着しない．ⓑアミノ基導入 AuNP およびⓒ金属ナノ粒子内包ポリマー粒子が結合した細菌．(b) ⓐ〜ⓒは (a) の写真ⓐ〜ⓒに対応．写真ⓑ，ⓒの左側の暗視野顕微鏡像のカラー図は口絵2参照．

タ電位（表面電位）をもつ．したがって，カルボキシ基で表面修飾し，負に帯電させた AuNP は細菌に吸着しない（図7.13(a) 写真ⓐ）．これに対して，正電荷をもつ AuNP をグラム陰性菌に添加すると，AuNP が静電的に吸着する（写真ⓑ左）．AuNP の吸着が少ない場合，細菌はロッド状の緑色の弱い散乱光として観察されたが，吸着数の増大とともに赤色の強い散乱光として観察される（写真ⓑ右）．これは AuNP 数の増大に伴い，細胞表面において AuNP が凝集し，プラズモンカップリングが生じるためと考えられる．一方，あらかじめ多数の AuNP をカプセル化（内包）したポリマー粒子（粒径約 100 nm）をラベルとして用いると，この粒子の吸着によって細胞の散乱強度は著しく増大する（写真ⓒおよび (b) のスペクトルⓒ）[18]．このポリマー粒子の表面に抗 O157 抗体を導入すると，腸管出血性大腸菌（*Escherichia coli*）O157 の高感度かつ特異的な検出が可能になる[19]．

7.6

鋳型ポリマーセンサ

　免疫応答に基づく抗体（3.2.3 項参照）の作製は生体反応であることから，通常数カ月を要する．これに対して，分子インプリント法（3.2.7 項参照）は標的物質の分子構造をポリマー表面に転写する人工的な手法であり，迅速なレセプター作製が可能である．通常，鋳型ポリマーは溶媒洗浄により標的物質を高分子マトリックスから除去する．ここでは，温度感応性高分子の温度による相転移（親水性↔疎水性）を利用する方法について紹介する．O157 抗原の鋳型を作製するには，O157 抗原と相互作用するモノマーを使用してポリマーを合成する．O157 抗原は大腸菌 O157 の表面に存在する LPS である．

　図 7.14 は，温度感応性高分子のイソプロピルアクリルアミド共重合体を用いた例である．重合反応溶液に，塩化金酸と大腸菌 O157 から抽出した LPS を共存させることで，ポリマー内部に AuNP と LPS が存在するコンポジット粒子が形成される[20]．この粒子を加熱すると 40℃ 付近で相転移し疎水性となるので，親水性の LPS はマトリックスより排除される．このコンポジットを室温に戻すとマトリックスは再度親水性となり，LPS の鋳型が形成される（図(a)）．すなわち，温度変化に伴うポリマーの相転移を利用して，マトリックスからテンプレート物質（3.2.7 項参照）を除去することで LPS に対応する鋳型が形成できる（図(b)）．このコンポジットは AuNP 由来の散乱強度（I）を増強するので，大腸菌 O157 を選択的に定量できる．

　上の例は LPS という分子を対象としたものである．ただし，分子インプリント法は分子のみならず，細菌細胞やウイルス粒子などのナノ～マイクロメートルサイズの物質にも適用可能である[21]．図 7.15 は大腸菌 O157 細胞をテンプレートとした例を示す．前述（p.132 参照）したように，細菌細胞は負に帯電している．このことより，ポリピロール（PPy）の重合（5.4 節参照）の

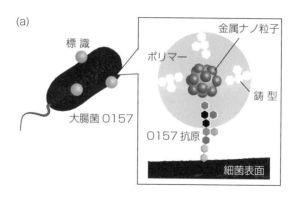

(a)

標識

大腸菌O157

金属ナノ粒子

ポリマー

鋳型

O157 抗原

細菌表面

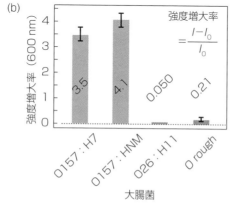

(b)

強度増大率 (600 nm)

強度増大率 $= \dfrac{I - I_0}{I_0}$

3.5　4.1　0.050　0.21

O157 : H7　O157 : HNM　O26 : H11　O rough

大腸菌

図 7.14　O157 抗原（LPS）を標的とした分子鋳型（人工抗体）コンポジット粒子の特異結合の概念図 (a) と分子鋳型コンポジット粒子の選択性 (b)[5,13]

（b）大腸菌の散乱強度（I_0）がコンポジット粒子の結合によって I にまで増大する．その増大率は $(I - I_0)/I_0$ として示される．大腸菌 O Rough は LPS に O 抗原のないもの．

際，ポリマー内にドーパントとして取り込まれる（図7.15(a)）．PPy は過酸化されると骨格内の正電荷が消失する．この結果，大腸菌 O157 細胞は脱ドープされ，過酸化された PPy 膜には細菌の鋳型が形成される．同時に膜は硬化するので，鋳型がそのまま残る．このようにして形成された鋳型は，大腸菌 O157 に選択的に結合する（図7.15(b)）．このことは，鋳型は細菌の形や大きさのみならず，細菌表面の化学構造（LPS）が転写されていることを示している．また，PPy は電気化学的あるいは化学的に重合可能なため，さまざまな形状をもつ材料の上に成膜できる利点がある．市販のマイクロウェルプレー

(a)

(b)

| 図7.15 | 大腸菌 O157 の細菌鋳型の作製と認識（a）および 96 穴マイクロウェルプレートに形成した各種細菌鋳型の選択性（蛍光染色細胞）（b） |

(a) 左端の図は細菌の PPy 膜へのドープを示す．中央の図は過酸化脱ドープし，細菌鋳型なった膜を示す．左端の図は細菌添加後の，細菌が結合した膜を示す．

(b) 細菌鋳型欄はテンプレートとして用いた細菌を示す．細菌は試験溶液に加えた細菌を示す．この関係より，5 種類の細菌鋳型はテンプレート細菌に特異的に結合することがわかる[21,22]．

ト†のウェル内壁に細菌鋳型を形成することで，多くの被検試料をプレート
リーダー‡により一括測定できる．96 穴マイクロプレートのそれぞれのウェル
に異なる細菌鋳型を形成すれば，1 つの被検試料に含まれる異種の細菌を最大
96 種類検出することが可能となる[22]．このように，分子インプリント法により
り形成された鋳型ポリマーは，分子からマイクロメートルサイズの細胞まで，
さまざまな標的に対して同一手法で合成可能である．このように，鋳型ポリ
マーは簡単に合成可能であるうえに選択性も高いので，新たに生じる微生物脅
威への迅速な対応が容易になる．

7.7 微生物センサ

　微生物は細胞外部から栄養源を摂取・消費（資化）して生命活動を維持して
いる．その代謝は酵素反応をはじめとするさまざまな化学反応からなっている
ことから，微生物はバイオセンサのレセプターとして有用である（3.2.6 項参
照）．また，酵素がその活性を失うことなく細胞内に維持され，細胞内の単一
酵素のみならず，複合酵素系や補酵素まで利用できる利点がある[23]．さらに酵
素や抗体と比べ，分離，精製や免疫反応などが不要，大量培養できる点で優位

---

† マイクロタイタープレート，マイクロプレートなどともよばれ，プレートの外
　形は共通であるが，6～9600 個のくぼみ（ウェル）の配列からなるプラスチック製
　の分析器具である．ウェルの数によりその容量は異なるが，よく用いられる 96
　（12×8）ウェルでは 0.40 mL，384（16×24）ウェルでは 0.050～0.10 mL が一般的
　である．
‡ マイクロウェルプレートに入れた試料の光学的性質（吸光や蛍光，化学発光な
　ど）を測定する分析機器であり，多くの微量試料を一括して検出することが可能
　である．

である[24]．また，阻害を利用した酵素センサと同様に，細菌を固定したセンサによる有害物質の連続水質モニターシステムが実用化されており，シアンや有害金属，有機塩素化合物，農薬などの一次診断的な検出に応用されている．

Pseudomonas fluorescens は一般的なグラム陰性菌であり，選択的にグルコースを資化する．そこで，*P. fluorescens* をコラーゲン中に包括した微生物固定化膜を作製し，これを酸素電極上に取り付けることで，グルコースに選択的な応答を得ることができる（図4.9参照）．溶存酸素を十分に含む水溶液中においては定常的な電流値が得られる．ここにグルコースを添加すると *P. fluorescens* に資化され，それに伴い好気呼吸が起こるので溶存酸素が消費される．すなわち，グルコースの存在により酸素電極の電流値が減少する．添加後10分以内に定常電流値が得られ，電流値とグルコース濃度（$3 \sim 20\,\mathrm{mg\,L^{-1}}$）の間には直線関係が成立し，簡単にグルコースが定量できる．また，フルクトース，ガラクトース，マンノース，スクロースなどにもわずかに応答するが，グルコースへの応答性に比べると低く，グルコースに選択的な計測が可能である．

酵母の一種 *Trichosporon brassicae* はアルコール資化菌である．多孔性のアセチルセルロース膜にこれを包括し，酸素電極をこの膜で被覆する．その上にさらにガス透過膜を取り付けてエタノールセンサとする[25]．電気化学フローセル中にこの電極を配置し，中性緩衝液を連続的に送液する．エタノール試料液を注入すると，フローセルに到達したエタノールは微生物膜に達する．ここでエタノールは *T. brassicae* に資化されるので，酸素濃度に基づくエタノール計測が可能になる．また，このセンサはメタノールや有機酸には応答しない．*T. brassicae* は酢酸も資化するので，上述のアルコールセンサを用いて酢酸を計測することもできる．ただし，緩衝液の pH を酢酸の $\mathrm{p}K_\mathrm{a}$ より低くしておく必要がある．これは，$\mathrm{p}K_\mathrm{a}$ 以上では酢酸は解離してイオンになりガス透過性膜を通過できないためである．pH 3 に調整した緩衝液を送液し，酢酸を含む試料液を注入すると電流応答が得られる．この電流減少量と酢酸濃度との間には直線関係が認められ，電流値から酢酸濃度を求めることができた．

微生物センサは各種アミノ酸の計測にも有用であった[26]．グルタミン酸センサは，大腸菌固定化膜と二酸化炭素電極とから構成することができる．大腸菌

はグルタミン酸デカルボキシラーゼをもっており，グルタミン酸を脱炭酸してγ-アミノ酪酸と二酸化炭素を生成する．このとき生成した二酸化炭素を測定するものである．

　微生物をメディエーター（ベンゾキノンなど）含有カーボンペースト電極上に滴下，乾燥した後，透析膜で覆うことで微生物固定電極をつくることもできる[27]．酢酸菌（*Acetobacter aceti*）はエタノールを資化して酢酸を生成する．その際，酸素が消費されるので，溶存酸素の還元電流が減少することを利用してエタノールのセンシングが可能になる．このときの電流を一定電位（-0.4 V *vs.* Ag|AgCl）で測定することで，低濃度のエタノール（$5 \times 10^{-5} \sim 1 \times 10^{-3}$ mol L^{-1}）を計測することが可能である．また，微生物を触媒とするセンシングも可能である（図7.16(a)）．*A. aceti* は細胞膜にアルコールデヒドロゲナーゼをもつことが知られている．上述した*A. aceti*固定化電極は，メディエーター（ベンゾキノン）を含む電解液において，エタノール酸化の触媒電流を示

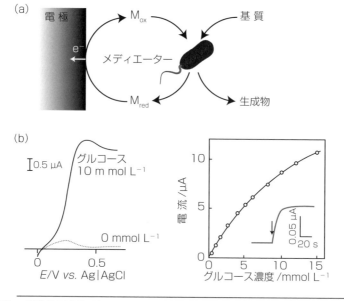

| 図7.16 | 微生物固定化電極における反応機構（a）およびメディエーターを含有したカーボンペーストに微生物を固定した場合の電極応答と応答性（b） |

（a）M_{ox}, M_{red}はそれぞれメディエーターの酸化体，還元体に対応する．（b）ⓐ10 mmol L^{-1} D-グルコース含有リン酸緩衝液（0.1 mol L^{-1}，pH 7.0）とⓑリン酸緩衝液．

す．メタノールやグルコース，グリセロール，アセトアルデヒドにはほとんど電流応答が見られず，アンペロメトリー（+0.5 V *vs.* Ag|AgCl）において 2 分以内に定常電流に達することから，迅速で選択的なセンシングが可能である．

ベンゾキノンをカーボンペーストに練りこんで作製した電極に，*Gluconobacter industrius*（10^7 cells cm^{-2}）を固定した場合も同様に基質に対して触媒的な電流応答を示す（図 7.16(b)）[28]．グルコースの添加後 30 秒で定常電流（+0.5 V *vs.* Ag|AgCl）に達する．このことは，グルコースやメディエーターが細胞外膜を通過し，細胞膜やペリプラズム†における酵素反応が迅速に達成されることを意味している．電流応答は，$10 \times 10^{-6} \sim 2 \times 10^{-3}$ M のグルコースに対して直線的に変化する．

G. industrius は，グリセロール，フルクトース，エタノールを酸化する酵素を有しているが，それらに対する応答はわずかであるため，迅速で選択的なセンシングが可能である．なお，メディエーターとして，ヘキサシアノ鉄酸イオンやフェロセン，ジクロロフェノール，インドフェノールなども有用である．空気飽和下での電流応答は，嫌気条件下での応答よりも小さいものとなり，細胞膜酵素による基質酸化反応は呼吸鎖にもつながっていることが明らかである．電流応答は溶存酸素量にも依存するため，センシングの際には溶存酸素量の制御，あるいは電流応答の補正が必要である．

導電性ポリマーのなかでも中性 pH 領域での合成が可能な PPy や PEDOT（図 5.8 参照）は，生物適合性が高く，微生物をドーパントとした膜の形成が可能である（図 5.10 参照）．したがって，電極に微生物を固定化する際，呼吸活性を利用したセンシングが可能となる．また，重合時間により膜厚が制御できるので，微生物固定量を調節できる点でも有用である．図 7.17 に ITO ガラス電極上に大腸菌をドープした PPy 膜の例を示す[29]．リン酸緩衝液を染み込ませた 2 つ折りの沪紙をこの上に配置し，参照極の先端を沪紙で挟む．対極となる別の ITO ガラス電極で挟み込み，クリップで固定すると薄層電解セルが作製できる（図 7.17(a)）．薄層セルは少量の電解液で電気化学測定を可能に

---

† グラム陰性菌は二重の膜（外膜および内膜）を表面にもつ．この外膜と内膜の間の空間をペリプラズムという．

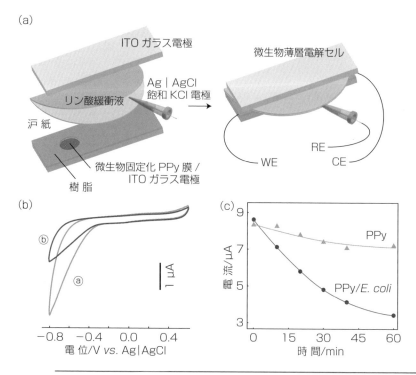

(a)

ITO ガラス電極

微生物薄層電解セル

Ag | AgCl
飽和 KCl 電極

リン酸緩衝液

沪 紙

微生物固定化 PPy 膜 /
ITO ガラス電極

樹 脂

RE
WE
CE

(b)

ⓑ

ⓐ

1 μA

−0.8　−0.4　0.0　0.4
電 位/V *vs.* Ag|AgCl

(c)

PPy

PPy/*E. coli*

電 流/μA

0　15　30　45　60
時 間/min

| **図 7.17** | 微生物固定化電極を用いた薄層電解セルの例 (a)，薄層セルを用いた CV 図 (b)，およびグルコース添加による電流応答の経時変化 (c)[29,30] |

(b) ⓐグルコース添加直後，ⓑグルコース添加 30 分後.

する．薄層セルの使用により，大腸菌の呼吸活性に基づく溶存酸素の消費が電流変化として大きく現れ，呼吸活性が高感度にモニタリングできる．電解液の液量が 0.5 mL のとき，溶存酸素は 1×10^{-7} mol 程度（37℃）である．リン酸緩衝液（pH 7）を電解液としたときの CV では，−0.8 V（*vs.* Ag|AgCl）付近に溶存酸素の還元に基づく電流応答のみが観察された．電解液にグルコースを添加してもすぐに変化は見られないが，30 分ほど経ってから再度測定すると電流は大きく減少した（図 7.17(b)）．グルコースを添加すると，−0.8 V における電流は時間とともに減少した（図 7.17(c) の曲線 PPy/*E. coli*）．これに対して，グルコースを添加しない場合，あるいは大腸菌を含まない PPy を用いた場合（図 7.17(c) の曲線 PPy）では電流応答に顕著な変化が見られな

かった．また，ITO ガラス上の微生物は各種顕微鏡により容易に観察できる．PPy に固定された大腸菌の菌数計測や生存率を評価し，上記で見積もった酸素消費量を勘案し，1 細胞あたりの酸素消費量は 2.0×10^{-17} mol cell^{-1} min^{-1} と見積もられた．このように，微生物を用いたセンシングは試料溶液中の物質の定量を可能にするだけでなく，細胞の生命活動を評価する有用なツールとなる．

　微生物センサでは，微生物が電極上で生存していることが重要である．微生物が長期にわたり固定膜の中で生育することから，微生物センサは環境計測においても有用である．生物化学的酸素要求（あるいは消費）量（BOD）は河川などの水質指標となっており，英国や米国では古くから微生物の培養を利用した試験法により管理されていたが，5 日間にわたる培養は水質管理の観点から実際的ではなかった．この観点からも，微生物の呼吸活性を利用した迅速センシングは有用である．環境試料には不特定多種類の有機物が含まれることから，微生物の資化能力を利用したセンシングが可能になる．単一種の微生物では資化される有機物が限定されるため，多種の微生物からなる固定化膜の形成は有効である．土壌や活性汚泥から分離された複合微生物固定化膜と酸素電極の組合せによる BOD 計測への有用性が示されている．その後，廃水処理プロセスで酵母（*Trichosporon cutaneum*）が用いられるようになり，BOD の連続計測が可能になっている．

文　献

1 ）L. S. B. Upadhyay, N. Verma：*Anal. Lett.*, **46**, 225（2013）.

2 ）A. Amine, H. Mohammadi, I. Bourais, G. Palleschi：*Biosens. Bioelectron.*, **21**, 1405（2006）.

3 ）G. Lai, L. Wanga, J. Wua, H. Jua, F. Yanb：*Anal. Chim. Acta*, **721**, 1（2012）.

4 ）C. A. Mirkin, R. L. Letsinger, R. C. Mucic, J. J. Storhoff：*Nature*, **382**, 607（1996）.

5 ）K. Hashimoto, K. Ito Y. Ishimori：*Anal. Chem.*, **66**, 3830（1994）.

6 ）S. Takenaka, Y. Uto, H. Kondo, T. Ihara, M. Takagi：*Anal. Biochem.*, **218**, 436（1994）.

7 ）H. Shiigi, S. Tokonami, H. Yakabe, T. Nagaoka：*J. Am. Chem. Soc.*, **127**, 3280（2005）.

8 ）L. Wu, X. Lu, J. Jin, H. Zhang, J. Chen：*Biosens. Bioelectron.*, **26**, 4040（2011）.

9) M. R. Knecht, M. Sethi : *Anal. Bioanal. Chem.*, **394**, 33 (2009).

10) Y. Xiao, A. A. Lubin, A. J. Heeger, K. W. Plaxco : *Angew. Chem. Int. Ed.*, **44**, 5456 (2005).

11) P. Tong, L. Zhang, J. -J. Xu, H. -Y. Chen : *Biosens. Bioelectron.*, **29**, 97 (2011).

12) 椎木 弘, 長岡 勉 : ぶんせき, **3**, 94 (2018).

13) 椎木 弘 : ぶんせき, **7**, 358 (2010).

14) I. H. El-Sayed, X. Huang, M. A. El-Sayed : *Nano Lett.*, **5**, 829 (2005).

15) X. -H. N. Xu, J. Chen, R. B. Jeffers, S. Kyriacou : *Nano Lett.*, **2**, 175 (2002).

16) M. Liu, Q. Li, L. Liang, J. Li, K. Wang, J. Li, M. Lv, N. Chen, H. Song, J. Lee, J. Shi, L. Wang, R. Lal, C. Fan : *Nat. Commun.*, **8**, 15646 (2017).

17) H. Shiigi, M. Fukuda, T. Tono, K. Takada, T. Okada, L. Q. Dung, Y. Hatsuoka, T. Kinoshita, M. Takai, S. Tokonami, H. Nakao, T. Nishino, Y. Yamamoto, T. Nagaoka : *Chem. Commun.*, **50**, 6252 (2014).

18) H. Shiigi, Y. Yamamoto, N. Yoshi, H. Nakao, T. Nagaoka : *Chem. Commun.*, 4288 (2006).

19) H. Shiigi, T. Kinoshita, M. Fukuda, D. Q. Le, T. Nishino, T. Nagaoka : *Anal. Chem.*, **87**, 4042 (2015).

20) T. Kinoshita, D. Q. Nguyen, D. Q. Le, K. Ishiki, T. Nishino, H. Shiigi, T. Nagaoka : *Anal. Chem.*, **89**, 4680 (2017).

21) X. Shan, T. Yamauchi, Y. Yamamoto, S. Niyomdecha, K. Ishiki, D. Q. Le, H. Shiigi, T. Nagaoka : *Chem. Commun.*, **53**, 3890 (2017).

22) X. Shan, T. Yamauchi, Y. Yamamoto, H. Shiigi, T. Nagaoka : *Analyst*, **143**, 1658 (2018).

23) K. Ishiki, H. Shiigi : *Anal. Chem.*, **91**, 14401 (2019).

24) 鈴木周一, 軽部征夫 : 計測と制御, **17**, 918 (1978).

25) 軽部征夫 : 計測と制御, **25**, 965 (1986).

26) 相澤益男 : 高分子, **33**, 391 (1984).

27) T. Ikeda, K. Kato, M. Maeda, H. Tatsumi, K. Kano, K. Matsushita : *J. Electroanal. Chem.*, **430**, 197 (1997).

28) K. Takayama, T. Kurosaki, T. Ikeda : *J. Electroanal. Chem.*, **356**, 295 (1993).

29) D. Q. Le, M. Takai, S. Suekuni, S. Tokonami, T. Nishino, H. Shiigi, T. Nagaoka : *Anal. Chem.*, **87**, 4047 (2015).

30) M. Saito, K. Ishiki, D. Q. Nguyen, H. Shiigi : *Anal. Chem.*, **91**, 12793 (2019).

Chapter 8
実用化されたバイオセンサ

　　センシングの目的によって試料の形態やセンサの使用環境が異なることから，センサの実用化のためには，これまでに紹介した原理が種々の環境において安定に機能することが重要である．また，センサに対するニーズは社会背景とともに変遷しており，それらに応えるために必要な技術の向上や工夫がなされてきた．本章では，実用化されているバイオセンサの機構や各種環境において安定した高精度計測を実現するための工夫について述べる．

8.1

血糖値センサ

　糖尿病は世界人口の約9％（2014年現在）が対象となる疾患であり，その90％以上は2型糖尿病である．1型糖尿病は膵臓のβ細胞の破壊により血糖値を下げるインスリンが欠乏する疾患であり，2型糖尿病は肥満や運動不足などにより発症する代表的な生活習慣病の1つである．いずれもインスリンを自己投与する際，血糖値を正確に測定する必要がある（コラム"グルコースと血糖値センサ"参照）．測定のたびに医療機関に出向くことは困難であるので，自宅や外出先で患者が血糖自己測定（self-monitoring of blood glucose：SMBG）できるセンサが開発された（表8.1）[1]．

　最初，糖尿病患者のための糖計測は，文字どおり尿中の糖に着目したものであった．1911年糖尿病の診断のために開発されたベネディクト（Benedict）試薬が有名である．無水炭酸ナトリウムとクエン酸ナトリウム，硫酸銅(Ⅱ)からなる青色の水溶液に尿を滴下すると，還元性の糖を含む場合，酸化銅(Ⅰ)

表 8.1　携帯型血糖センサの変遷

血糖センサ	測定原理/信号	酵　素	試　薬	特　徴
第一世代	比色法/反射率	GOD/ペルオキシダーゼ	色　素	操作者による測定誤差大
第二世代	電極電解法/電流値	GOD/ペルオキシダーゼ	電子伝達メディエーター	血中酸素による妨害がある
第三世代	電極電解法/電流値	GDH-PQQ GDH-FAD	電子伝達メディエーター	低侵襲計測 優れた特異性（血中酸素やマルトースなどによる妨害を低減）

GOD：グルコースオキシダーゼ，GDH：グルコースデヒドロゲナーゼ，PQQ：ピロロキノリンキノン，FAD：フラビンアデニンジヌクレオチド.

の沈殿が生じる．このとき，溶液は糖濃度によって黄緑〜赤褐色を呈する．
1941 年に開発された Clinitest® 錠剤（Ames 事業部，Miles Laboratories 社）も
同様に硫酸銅（II）の還元反応に基づいた比色法であった．試験管の中の錠剤
に数滴の尿を加え，比色表との対応により定量するものである．これらは，尿
に含まれるグルコース以外の糖の妨害を受けることから，グルコースに選択的
な測定のためにグルコースオキシダーゼ（GOD），ペルオキシダーゼと色素原
を組み合わせた酵素比色法が開発された．測定の簡便化のためにそれらの混合
水溶液に沪紙を浸漬し，乾燥することで，これらの試薬を固定化して試験紙の
上で酵素反応が起こるようにした（Clinistix™ ストリップ，1956 年発売）．こ
のストリップ（帯状の試験紙）は尿に浸漬してグルコースに特化した測定がで
きる簡便な方法（dip and read test）となった[2]．この技術は，さまざまな項
目が検査できるように改良され，現在も尿定性検査用試験紙（テステープ®）
として使用されている．

　しかしながら，尿中のグルコースは血糖値をリアルタイムに示すものではな
い．そこで，1964 年に血糖計測用ストリップ Dextrostix® が開発された．赤血
球を捕捉するための半透膜をストリップ上に重ねる工夫がなされ，血液（50〜
100 µL）を滴下すると，可溶性のグルコースが半透膜を通過し，酵素反応が
生じるものであった．同時期に，Boehringer Mannheim 社により血糖スト
リップ Chemstrip® bG が開発された．コットンウールボールを使用して血液
の滴を拭き取るもので，2 種のパッド（ベージュとブルー）を使用し，色の判
断を容易にした．しかしながら，いずれも視覚的判断によるものであるため，
比色表との対比には個人差があり誤差を生じることがあった．1969 年，この
色変化を定量的に読み取ることが可能な反射率計（Ames Reflectance
Meter®）が Miles Laboratories 社の Ames 事業部から発売された．価格は約
500 US ドルで，外形寸法は約 110×50×160 mm，重さ 1.2 kg（鉛蓄電池を含
む）であったが，最初のポータブル血糖計であった．Ames Reflectance Meter
は 1971 年に販売中止となったが，1970 年に京都第一科学株式会社（現 アー
クレイ株式会社）が開発した Dexter（輸出名：Eyetone®）が 1972 年に，国
内ではマイルス三共株式会社，欧米では Miles Laboratories 社から発売された
（図 8.1(a)）．

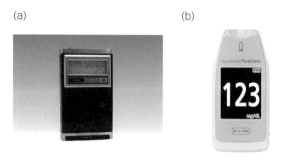

(a)   (b)

図8.1 アークレイ（株）が最初に開発したポータブル血糖計（a）と最新モデル（b）

（アークレイ（株）提供）

Eyetone® は AC アダプターを採用していたため軽く，比較的低価格であった．これらを用いた測定は以下のような手順であった．Dextrostix® ストリップに血液を滴下して1分間反応させる．血液を洗い流した後，ストリップを測定室に入れて反射率を計測する．ストリップの発色に伴い反射率が変化して糖濃度を計測する（計量目盛り：$10～400$ mg dL^{-1}）．その後，Boehringer Mannheim 社が同じく反射率方式の Reflomat を開発した．ストリップの改良により，少ない血液量（$20～30$ μL）での計測も可能になった．これらの血糖計は，患者の自己測定に便利であることは明らかであったが，当初は医師や検査技師のためのものであった（第一世代）．

京都第一科学株式会社はデジタルディスプレイを備えた最初の血糖計 Dextrometer を開発した．Dextrometer は電池でも AC アダプターでも使用でき，1978年に国内ではマイルス三共株式会社，欧米では Miles Laboratories 社から発売された．さらに，より小型で操作が少なく，家庭でのモニタリングにも適した，Glucometer®（Miles Laboratories 社）や Accu-Chek®（Boehringer Mannheim 社）などの家庭用血糖計が発売された．Lifescan 社の Gluco chek® も同時期に発売された．後継機として Glucoscan®，次いで OneTouch® を開発し，自動計測機能を加え45秒での計測が可能となった．各社とも，計測の信頼性が向上するとともに，装置の小型化に努め，操作性や機能性の向上を競った．

クラーク型酸素電極（4.6節参照）は，酸素を電子伝達メディエーターとす

る電解方式のバイオセンサの開発を促進した[3]．この方式は，デスクトップ型分析器（Yellow Springs 社）の発展に貢献したが，自己測定機器にも採用された．最初の電解方式の血糖計である ExacTech® は，1987 年に MediSense 社から発売された[14]．GOD がグルコースと酵素反応する際，電子伝達メディエーターであるフェロセンが還元され，フェロセンの還元体が電極ストリップにおいて酸化される．このときの酸化電流を測定することでグルコース濃度を計測するシステムであった．この血糖計には携帯容易なペンタイプとカードタイプ，2 つのタイプがあった．小型化が可能な電解方式は家庭用，携帯用の血糖計に適しており，各社とも反射率方式から電解方式のセンサ開発にシフトした．また，穿刺針（lancet）も微小になり，指先からの採血に伴う痛みは低減し，低侵襲での計測が可能になった（第二世代）．

　日本国内においても，1981 年にインスリンの自己注射が認可，健康保険給付適用，また，1986 年には血糖自己測定が健康保険給付適用となり，血糖自己測定用センサの普及と開発競争に弾みがついた．Ames（現 Bayer 社）は Glucometer に電解方式を採用し，シリーズ化した．このセンサは，わずか 5 μL の毛細血管血での測定を可能にし，ストリップの拭き取りやブロッティングを不要とした．Boehringer Mannheim 社（現 Roche 社）は，グルコースデヒドロゲナーゼ（GDH）と補酵素ピロロキノリンキノン（PQQ）を利用した（4.7 節参照）血糖計 Accu-Chek® Advantage を開発した．Lifescan 社（現 Johnson and Johnson 社）は，OneTouch® シリーズ，Therasense 社（現 Abbott 社）は GDH–PQQ を使用した軽量型の電量計（重量 38 g）を開発し，FreeStyle® として発売した．FreeStyle® では GDH–PQQ は作用極上にコーティングされ，電解電流と時間から電気量を求めるクーロメトリー方式が採用され，わずか 0.3 μL の血液量で高精度な計測が可能になった（第三世代）．GDH–PQQ は GOD 反応よりも酸素の妨害を受けにくいが，マルトースやガラクトースによる妨害が問題であった．Bayer 社は，迅速な応答（15 秒）と高度なデータ管理システムを備えた Ascensia シリーズを開発し，GDH–フラビンアデニンジヌクレオチド（FAD）による高選択的な反応系と，毛管現象により血液導入を可能としたテストストリップを採用することで，わずかな血液量（0.6 μL）での測定を可能にした（2004 年）．Abbott 社の Precision Xceed®

では，GDH-FAD を使用して特異性を向上させた．

その後の血糖計の開発はデータ管理と情報システムへの接続に関心が向けられ，パーソナルコンピュータや携帯端末などに接続し，専用ソフトウェアを使用して患者が血糖値とともに血圧や体温などのバイタルデータを管理することができるようになった（図8.1(b)）．さらに，血液ではなく，汗，間質液，涙，唾液などの体液や分泌液中のグルコース値に着目し，採血が不要な非侵襲的な計測法の開発も行われている．Cygnus 社は，皮膚に接触した電極で間質液を逆イオン浸透法により吸い上げ，非侵襲でグルコースを測定するGlucoWatch® を開発した．2002 年より販売され注目を浴びたが，測定誤差が大きく，電極寿命が短い（12 時間）などの問題があった．近年では，電極部の極細針が間質液中のグルコース値を持続的に測定するタイプのセンサが実用化された．さらに，タトゥ型フレキシブルセンサにより皮膚細胞内のグルコース量を測定するもの[5]，あるいは涙に含まれるグルコース値を測定するスマートコンタクトレンズ[6] の開発など，ナノテクノロジーの発展に伴い電極部の微細化が可能となり，ウエアラブル型や埋込み型などの新しいセンサが提案されている．

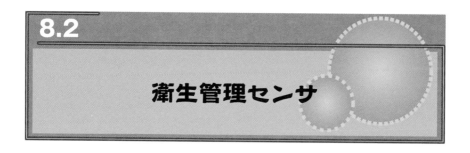

8.2 衛生管理センサ

微生物による食中毒の予防や被害拡散の抑制のためには，日常的な衛生管理と被害の早期把握が必要である．従来，細菌の検出には培養法†が用いられてきたが，確定に至るまでには多くの工程と時間（数日）が必要であった．また，ポリメラーゼ連鎖反応（PCR）法は，遺伝子情報に基づく細菌の迅速な特

---

† 培地を用いて細菌を培養し，菌数を測定する．

定を可能にするが，装置が高価（数百万円）であることに加えて，熟練した検査員を必要とするなどの課題も多い．したがって，一次生産から消費に至るまで，食品が関与するさまざまな状況のなかで簡便に測定できる衛生管理機器の開発が課題となっている．

　アデノシン三リン酸（ATP）はすべての生物に存在する分子であり，食品の生産ラインなどにATPが検出されることは肉汁などの食品成分が残留していることを示す．このような食品残渣は栄養源となって微生物汚染に発展する可能性がある．そこで，ATPを微生物汚染の潜在的リスク指標分子と考えることで，清浄度管理への応用が図られた．ATPは，1950年代にルシフェラーゼを用いた高感度測定法が開発され，衛生管理に利用されるようになった．ルシフェラーゼは発光酵素とよばれ，ルシフェリンを特異的に酸化する．ルシフェリンがATPと酸素によって酸化されて励起状態のオキシルシフェリンを生成することはすでに説明した（図6.14参照）．励起状態のオキシルシフェリンが基底状態に戻るときに黄緑色に発光し，その発光強度を測定することでATPの定量が可能になる．ルシフェラーゼはホタルから採取，精製されてきたが，遺伝子組換え技術の発達により大腸菌に産生させることが可能になり，近年ではこの技術により安価かつ安定に供給されている．

　ATPは食品由来と微生物由来のものがある．微生物由来のものは微生物汚染に対する直接的な指標となるが，実際には細菌由来のATPは濃度が小さいうえ，これらを食品由来のものと区別することは困難である．そこで，食品残渣に含まれるATPに着目することで，微生物汚染に対するリスク管理指標としている．HACCP（hazard analysis and critical control point：危害分析重要管理点，あるいは危害要因分析必須管理点と訳される）[†]の観点から，生産ラインの拭き取りATP検査が実施されている[7]．HACCPとは食品の製造工程で危害を起こす要因を分析し，それを最も効率よく制御できる重要な部分を連続的に管理して安全を確保する管理手法である．野菜や食肉など，およそ食品にはATPが存在するので，そのATPを指標とすることで食品による生産ラ

[†]　1993年にコーデックス委員会が食品国際規格を策定して以来，世界各国でHACCP導入が義務化され輸出食品の要件となっており，今や国際標準である．わが国では他国に大幅に遅れ，2021年に義務化される．

インの汚れを知ることができる．また，食品残渣には ATP のほか，アデノシン一リン酸（AMP）やアデノシン二リン酸（ATP）も含まれることから，ピルビン酸キナーゼやピルビン酸リン酸ジキナーゼなど AMP や ADP を ATP に変換する酵素を用いることで，清浄度を高感度に計測することも可能である．

　拭取りは検査対象物により異なるが，まな板の場合は以下の手順で行う（図8.2(b)）．まず，綿棒またはまな板を水で湿らせた後，綿棒の綿球を回転させながら，まな板表面の 10 cm×10 cm の面を縦横方向にまんべんなく拭き取り，この綿棒を所定の試薬が入ったチューブに入れ反応させる（図8.2(a)右）．その後，このチューブを検出器（図8.2(a) 左）に差し込み，フォトダイオードにより ATP に基づく発光の強度を計測する．面積が小さい検査対象物では，拭取り方法を決め，常に同じ方法で拭き取るようにする．拭取り検査法の運用において，どこで，なにを，どのように拭き取るか，あるいは得られた結果をどのように解釈するかは，それぞれの現場で状況が異なるためユー

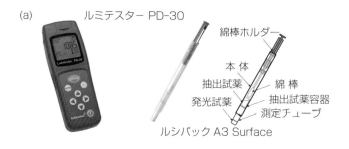

(a)　ルミテスター PD-30

綿棒ホルダー
本 体
抽出試薬　綿 棒
発光試薬　抽出試薬容器
測定チューブ

ルシパック A3 Surface

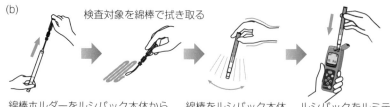

(b)　検査対象を綿棒で拭き取る

綿棒ホルダーをルシパック本体から引き抜き，綿棒あるいは検査対象を水道水などで濡らす

綿棒をルシパック本体に戻しよく振り試薬を溶かす

ルシパックをルミテスターにセットして測定開始

図 8.2　市販の清浄度テスターと検査キット（a）および清浄度検査手順（b）

（キッコーマンバイオケミファ（株）提供）

ザーに委ねられており，現在の用途はあくまで自主管理のためのものである．
しかしながら，ATP量（＝食品による汚染度）を管理し，清浄度を保つこと
によりHACCPに有用な手法となっている．この拭取り検査法は，食品や飲
料の加工，製造現場，スーパーマーケット，レストラン，弁当，総菜や給食な
どの調理場，あるいは保健所などの公的検査機関などのさまざまな現場で利用
されている．

8.3 イムノクロマト法

　イムノクロマト法では，ニトロセルロース膜などを基板としたテストスト
リップ（試験片）を用いる．テストストリップ上に滴下した被検体溶液が，試
薬を溶解しながら流れる性質（毛管現象）を応用した方法である（図8.3）．
テストストリップ上の試料パッドに被検体を滴下すると，標的物質（ウイルス
や抗原など）とあらかじめコンジュゲート（反応）パッドに含まれている
AuNPラベル化抗体が複合体を形成する．この複合体はストリップを流れ，テ
スト（判定）ラインに固定化された抗体がこの複合体を捕捉し，AuNPラベル
による赤色を呈する[8]．複合体を形成しないAuNPラベル化抗体はコントロー
ル（対照）ラインに存在する抗体に捕捉される．目視により，テストライン部
とコントロールライン部が2本の赤いラインとして存在すると陽性，コント
ロールラインのみが赤く呈色する場合は陰性と判定する（図8.3）[9]．リアルタ
イムポリメラーゼ連鎖反応（RT–PCR）法や酵素結合免疫吸着（ELISA）法
（6.5節参照）と比較して，本法は迅速（15分）かつ目視での定性検査が可能
である．それゆえ，「患者の身近での検査（point of care testing）」のための
手法として有用なツールとなっている．

　日本では，1992年に一般用医薬品として厚生省（当時）に認可されて以

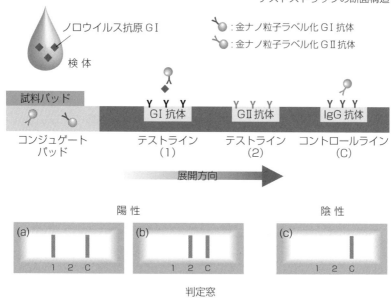

テストストリップの断面構造

ノロウイルス抗原GI
検体

●:金ナノ粒子ラベル化GI抗体
●:金ナノ粒子ラベル化GII抗体

試料パッド

コンジュゲート
パッド

GI抗体
テストライン
(1)

GII抗体
テストライン
(2)

IgG抗体
コントロールライン
(C)

展開方向

陽性

(a)
1 2 C

(b)
1 2 C

陰性

(c)
1 2 C

判定窓

図8.3 **イムノクロマト法によるノロウイルス検出の概念**

テストストリップの断面構造図と判定窓での判別，(a) GI 陽性，(b) GII 陽性，(c) 陰性．

来，本法を応用した妊娠検査薬が処方箋なしで容易に手に入るようになった．これは胎盤の絨毛組織で分泌される糖タンパク質（ヒト絨毛性ゴナドトロピン：hCG）を検出するものである．妊娠早期の段階で急激に増加する尿中のhCG が検出できるため，自己診断可能な検査薬として市場が拡大した．また，イムノクロマト法は，インフルエンザの迅速検査キットとしても利用されている．この方法の普及により一般病院での診断が可能になり，抗ウイルス薬の処方も容易になった．

　さらに，ノロウイルスの診断は，RT-PCR 法などとともにイムノクロマト法によっても可能となっている．イムノクロマト法はRT-PCR 法に比較して感度は劣るが，特異性は同等であるため，迅速かつ簡便な診断法として有用である．ただし，現状では遺伝子診断法で確定する必要がある．糞便から採取した検体にノロウイルス抗原GI （またはGII）が存在する場合，これらの抗原

はコンジュゲートパッド中の AuNP ラベル化抗ノロウイルス GI （または GII ）抗体と複合体を形成し，ストリップ上を移動する（図8.3）．この複合体がテストラインに固定化された抗ノロウイルス GI （または GII ）抗体に捕捉されることにより，GI テストライン（1）（または GII テストライン（2））に赤色のラインが出現する．検体中にノロウイルス抗原が存在しない場合，コンジュゲートパッドの AuNP ラベル化 GI （または GII ）抗体はそのままストリップを移動し，テストラインは呈色しない．いずれの場合でも，AuNP ラベル化抗体がコントロールライン部（C）上の抗マウス免疫グロブリン G （IgG）ポリクローナル抗体に捕捉され，コントロールラインが呈色すれば測定は正常に終了したことになる．このように，テストラインを目視確認することで，糞便中のノロウイルス抗原の有無を判定することができる．

　2つの遺伝子型 GI ，GII の両方，あるいはそれぞれの抗体を用いて GI ，GII を1つのラインで，またはそれぞれのラインで判定するキットが出現し，感度，精度は向上した．さらにロタウイルスとノロウイルスを同時に診断可能なキットが市販された．テストラインの有無を目視確認することにより，糞便中のノロウイルスの有無を判定することができる（10^5 VP mL^{-1} 程度；VP mL^{-1} は1 mL あたりのウイルス粒子の数）．また，発色を安定させるため，ほとんどの製品において AuNP ラベルが用いられており，IP ライン® デュオ「ノロ・ロタ」（株式会社イムノ・プローブ），GE テストイムノクロマト–ノロ（日水製薬株式会社），クイックチェイサー® Noro （株式会社ミズホメディー），イムノキャッチ®–ノロ（栄研化学株式会社），ラピッドエスピー® ノロ（DS ファーマバイオメディカル株式会社）などが国内で販売されている．これらの製品では特異結合性をもつ分子修飾 AuNP が採用され，さまざまな物質を標的とする検出が可能となっている．

　病原性大腸菌は汚染した食物の摂取により腸管内で増殖し，食中毒をひき起こす．これらのうち，腸管出血性大腸菌はベロ毒素を産生し，出血性大腸炎を起こす．とくに血清型 O157 は溶血性尿毒素症候群や脳症など深刻な症状の原因となり，大規模な食中毒の事例も多数報告されることから，食品衛生上最も重要視されている．腸管出血性大腸菌 O157 の検出にも，現場での簡便な検出法としてイムノクロマト法は有用である．テストストリップは，AuNP で標識

した抗大腸菌 O157 抗体（ヤギ）をコンジュゲートパットに含み，テストライ
ンおよびコントロールラインには，抗大腸菌 O157 抗体（ウサギ），および抗
ヤギ免疫グロブリン抗体（ウサギ）が固定される．ただ，検出そのものは簡便
で迅速であるが，検体の前処理が必要となる．とくに被検食品が固体である場
合，ストマッカー†による粉砕の後，増菌培養を行う必要がある．

　このようなイムノクロマト法を用いて，インフルエンザウイルス，糖タンパ
ク質（ヒト絨毛性ゴナドトロピン，IgE 抗体など），ノロウイルス，大腸菌 O
157 ほか，C 型肝炎ウイルス，RS（respiratory syncytial）ウイルス，アデノ
ウイルスや前立腺特異的抗原，または黄色ブドウ球菌，サルモネラ菌，レジオ
ネラ菌，カンピロバクターなどに対応した検査キットが実用化されており，医
療，食品，環境などの広い分野で簡易検査に利用されている．

8.4 味覚・嗅覚センサ

　われわれが料理を味わうとき，舌で味を感じること（味覚）はもちろん，嗅
覚や視覚，触覚（テクスチャー；舌触り，歯ごたえ），あるいは聴覚など，五
感のすべてを活用する．ワインソムリエがテイスティングするときにも，味だ
けが指標になることはない．しかしながら，食品や飲料の開発において，消費
者のニーズに応え，他社製品との差別化を図るうえで味を科学的に評価するこ
とは重要である．

---

†　固形の食品片または半固形物を粉砕・均質化する装置のこと．固形のまま検査
　を行うと，その表面だけの検査となる．固形試料を滅菌された袋に入れ，規定す
　る倍数の滅菌生理食塩水や滅菌リン酸緩衝液などを加え，その袋ごとストマッ
　カーに配置する．ストマッカー内部のパドルが動くことで袋内部の試料が粉砕さ
　れ，試料を液化することができる．

表 8.2	味の五基本要素およびその他の要素と呈味物質

基本要素	呈味物質
甘　味	フルクトース（果糖），スクロース（ショ糖），グルコース（ブドウ糖）など
塩　味	ナトリウムイオン（食塩）
酸　味	水素イオン（pH）
苦　味	アルカロイド類（カフェイン，テオブロミン，ニコチン），リモニン，ククルビタシン，ナリンジン，クロロゲン酸，苦味アミノ酸，苦味ペプチド，胆汁酸，カルシウム塩，マグネシウム塩など
旨　味	グルタミン酸，アスパラギン酸，イノシン酸，グアニル酸，キサンチル酸，コハク酸など
その他	辛味（ピペリン，カプサイシン，アリルイソチオシアネート），渋味（タンニン，カテキン），こく味（グルタチオン）など

　味覚は複雑であり個人差もあるが，われわれが味を識別する機構はおおむね以下のようである．舌に存在する味蕾内部の味細胞が呈味物質を受容すると膜電位が変化する．この変化により神経伝達物質が放出され，脳で情報処理して味の五基本要素，甘味，塩味，酸味，苦味，旨味，さらには先味，後味などを認識する（表 8.2）．ヒトの舌には約 1 万個の味蕾が存在するといわれ，その内部にある味細胞は呈味物質と結合するレセプターとして機能する．味細胞は脂質膜とタンパク質に覆われており，呈味物質が非特異的に結合する．したがって，われわれはさまざまな呈味物質の結合により得られる信号を瞬時に処理してその味を認識しているのである．たとえば，コーヒーには非常に多くの味やにおい成分が含まれており，苦味や酸味を構成するさまざまな物質やタンニンのような渋味物質を含んでいる．

　従来，バイオセンサはこれら特定物質をそれぞれ特異的に結合するレセプターを用いて使用されてきた．したがって，このようなセンサで呈味物質を個々に検出しようとすると膨大な数のセンサが必要となり実用的ではない．そのため，味覚センサのシステムでは，味細胞の表面構造を模した脂質膜をレセプタとするセンサを複数用意し，これらセンサの応答の違いをパターン認識して，味として提示する戦略をとっている（図 8.4）．

　都甲らは，ポリ塩化ビニル（PVC）に脂質としてリン酸ビスヘキサデシル

とテトラドデシルアンモニウム塩（あるいはトリオクチルメチルアンモニウム塩），可塑剤としてジオクチルフェニルホスホネート）を混合して脂質膜（膜厚約 200 µm）をガラス電極上に形成し，参照電極との電位差を測定することで，非電解質である糖類（フルクトースやスクロース，グルコース）や糖アルコール（エスリトール，キシリトール，ソルビトール）などの甘味物質をセン

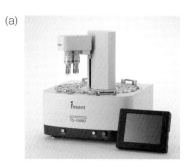 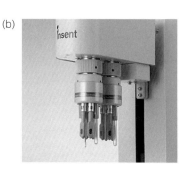

図 8.4 市販の味覚センシングシステムの外観（a）とセンサ部の拡大写真（b）

（（株）インテリジェントセンサーテクノロジー提供）

表 8.3 ビール，お茶用の味覚センサ電極の脂質膜組成

電　極	ビール用	お茶用
1	ジオクチルホスフェート	ジオクチルホスフェート
2	ジオクチルホスフェート/トリオクチルアンモニウム塩（9：1）	オレイン酸
3	ジオクチルホスフェート/トリオクチルアンモニウム塩（5：5）	デカノール
4	ジオクチルホスフェート/トリオクチルアンモニウム塩（3：7）	トリオクチルアンモニウム塩
5	トリオクチルアンモニウム塩	オレイルアミン
6	デカノール	ジオクチルホスフェート/トリオクチルアンモニウム塩（6：4）
7	オレイン酸	ジオクチルホスフェート/オレイルアミン（8：1）
8	オレイルアミン	−

シング した[10]. 糖類や糖アルコールの甘味度とセンサ出力には相関性が得られ, 広範囲の甘味に対する脂質膜の選択性が示された. また, レセプターを構成する脂質の種類によって甘味, 塩味, 酸味, 苦味, 旨味などに選択的な応答を示す脂質膜をそれぞれ作製し, コーヒー, 茶, ビール, 日本酒, 牛乳, しょう油, みそなどについて各センサから得られた応答をもとにして味の評価を行った (表8.3)[11,12]. 脂質膜は, カルボキシ基やリン酸基, あるいは第四級アンモニウムをもつ脂質からなるため, 陰イオン性, あるいは陽イオン性, または両者を含む双性イオン性膜として得られる. 脂質によって膜の疎水性や電荷密度の調整が可能になり, 異なる呈味物質と静電的あるいは疎水的に相互作用する脂質膜を調製することで, 応答性の異なる脂質膜を作製することができる. これらの脂質膜を配置したセンサを食品試料に浸漬すると, 呈味物質との相互作用により脂質膜の膜電位が変化する. 呈味物質に対応するセンサから選択的な応答が得られるため, 食品試料から得られるセンサ応答を総合的に評価することで, 味を客観的に評価することが可能となった. また, 基準溶液の電位をゼロとして, 試料との電位差を測定することで先味, センサを軽く洗浄して再度基準液を測定して得られた電位差を後味として識別することが可能である.

文　献

1) S. F. Clarke, J. R. Foster: *Br. J. Biomed. Sci.*, **69**, 83 (2012).

2) 原島三郎, 石井 暢: 医療, **15**, 66 (1961).

3) L. C. Clark, Jr., C. Lyons: *Ann. N. Y. Acad. Sci.*, **102**, 29 (1962).

4) A. Heller, B. Feldman: *Chem. Rev.*, **108**, 2482 (2008).

5) A. J. Bandodkar, R. Nuñez-Flores, W. Jia, J. Wang: *Adv. Mater.*, **27**, 3060 (2015).

6) Y. T. Liao, H. Yao, A. Lingley, B. Parviz, B. P. Otis: *IEEE J. Solid-State Circuits*, **47**, 335 (2012).

7) 伊藤 武, ATP ふき取り検査研究会監修:『新しい衛生管理法 ATP ふき取り検査 改訂版』, 鶏卵肉情報センター (2005).

8) 椎木 弘, 長岡 勉: ぶんせき, **3**, 94 (2018).

9) 椎木 弘: ぶんせき, **7**, 358 (2010).

10) 羽原正秋, 池崎秀和, 谷口晃, 都甲潔: 電気学会論文誌E, **121**, 641

(2001).

11) 江崎 秀, 幸 利彦, 都甲 潔, 津田泰弘, 中谷和夫：電気学会論文誌E, **117**, 449 (1997).

12) 池崎秀和, 谷口 晃, 都甲 潔：電気学会論文誌E, **117**, 465 (1997).

付録 実験

グルコースセンサの作製

この付録ではグルコースオキシダーゼ（GOD）を用い，グルコースセンサを実際につくる手順を示す[1].

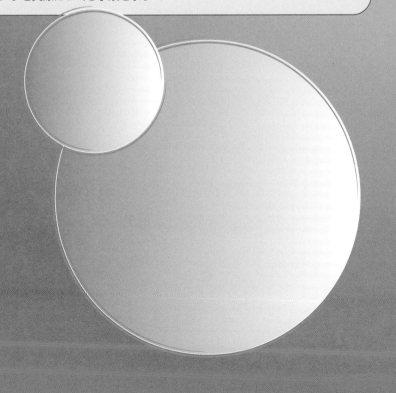

A.1

クラーク型酸素電極の作製

　グルコースセンサはクラーク（Clark）型酸素電極を酵素固定膜で覆う構造になっている．そこで，最初に酸素電極を作製する．酸素電極の検出機構についてはすでに4.6節で説明した．クラーク型酸素電極は，白金平板電極を作用極，Ag|AgCl線電極を対極とする2電極式の電解セルで構成されており，電極先端部が酸素透過性の膜により覆われている．このような電極（図A.1）を作製するには，まず以下の材料を用意する．

　〜準備するもの〜
　白金円板（直径：0.5〜1 cm，厚さ：0.2 mm程度）：1枚
　・銀線（直径：1 mm，長さ：5 cm以上）：1本
　・絶縁被覆された銅線（長さ：6 cm以上）：1本

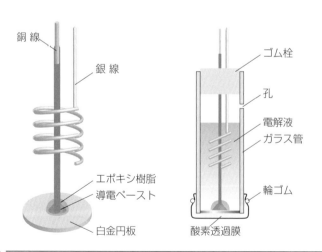

| 図 A. 1 | クラーク型酸素電極の構成図 |

- ガラス管またはプラスチック管（内径：0.6〜1.1 cm，長さ：5 cm）：1 本
- 酸素透過膜（4 cm×4 cm）：1 枚
- ゴム栓（ガラス管を封止できるサイズ）：1 個
- 輪ゴム（酸素透過膜を固定する）：1 個
- エポキシ樹脂接着剤，導電ペースト，スポイト，ハサミ，ナイフ
- 1 mol L^{-1} 塩化カリウム水溶液（電解液）

　まず，銅線の両端の絶縁被覆を 1 cm 程度ナイフで除去する．その一端を白金円板と導電ペーストによって電気的に接続し，エポキシ樹脂で接続部を覆うとともに，銅線と白金円板をしっかり固定する．白金円板をガラス管の切り口に合うように設置する．エポキシ樹脂で白金円板をガラス管に固定する．このとき，ガラス管の内径より少し小さいサイズの白金円板を用いるのがよい．あるいは，ガラス管の切り口にエポキシ樹脂を塗り，固定する．いずれの場合でも，ガラス管と白金円板との間に少し隙間が生じ，対極が外部の試料液と電気的に接続される必要がある．この隙間は液絡として機能するが，液漏れは酸素透過膜で防ぐことができる．別の方法として，管の側面に別途液絡を設けてもよい（図 4.13(a) 参照）．銀線と白金円板は接触しないように注意する．図に示すようにゴム栓を用いて固定するのが便利である．また，ゴム栓には銅線と銀線を通す孔のほか，のちに電解液を挿入するための孔を開けておくとよい．ガラス管にあらかじめ孔を開けておいてもよい．白金円板を酸素透過膜で覆い，輪ゴムできつく固定する．このとき，白金円板と酸素透過膜の間が密着するように注意する．最後にスポイトまたはシリンジを用いて，電解液をプローブ型電極の内部に充填する．このようにして底部に白金円板が配置された酸素電極を作製する．なお，センサの使用中に以下の反応が起こり，塩化銀（AgCl）が銀線上に析出するので，銀線は Ag|AgCl 参照極として使用できる．

$$Ag + Cl^- - e^- \longrightarrow AgCl$$

酵素膜の作製

架橋法により酵素膜を作製する（図 A.2）.

　～準備するもの～
・試薬類
　・トリアセチルセルロース：0.25 g
　・ジクロロエタン：5 mL
　・50% グルタルアルデヒド：0.2 mL
　・1,8-ジアミノ-4-アミノメチルオクタン：1 mL
　・1% グルタルアルデヒド：50 mL
　・水酸化ナトリウム
　・グルコースオキシダーゼ：5 mg
　・0.1 mol L^{-1} リン酸緩衝液（pH 7）[†]：反応用 5 mL, ほかに洗浄用, 保管用
・器具類
　・ガラス板（20 cm×20 cm 程度）：1 枚
　・ガラス管（直径：2 cm, 長さ：20 cm 程度, 両端にビニルテープを1周巻き付けたもの）：1 本
　・ビニールテープ：（13 cm 程度）：1 枚
　・栓付き三角フラスコ（50 mL）：1 個
　・スターラーバー：1 個
　・マグネチックスターラー：1 台

トリアセチルセルロース（0.25 g）をジクロロエタン（5 mL）とともに栓付

[†]　0.1 mol L^{-1} リン酸二水素カリウム（10 mL）と 0.1 mol L^{-1} リン酸水素二ナトリウム（20 mL）を混合するとできる.

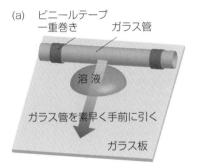

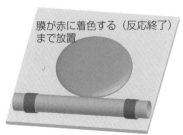

図 A. 2 酵素膜の作り方

(a) 薄膜作製, (b) 固定化反応.

き三角フラスコに入れ，溶解するまでマグネチックスターラーを用いて撹拌する．溶解したところで 50% グルタルアルデヒド（0.2 mL）を添加し，さらに撹拌する．さらに，1,8-ジアミノ-4-アミノメチルオクタン（1 mL）を加えて均一になるまで撹拌する．この溶液をガラス板に展開し，均一な膜が得られるようガラス管で薄く延ばす．膜が赤く着色するまで暗所で放置する（目安として 1〜数日）．

　ガラス板上に得られた膜に方眼紙をかぶせ，方眼紙のマス目に沿って 2 cm 角に切り目を入れる．方眼紙をはがし，ガラス板を水に浸すと膜は簡単にはがれる．はがれた膜を 1% グルタルアルデヒド水溶液（50 mL；水酸化ナトリウムで pH 8 程度に調整したもの）に入れ，1 時間放置する．この操作によりグルタルアルデヒドは膜と結合し，膜表面にはアルデヒド基が修飾される（図 5.4(a) 参照）．グルコースオキシダーゼ（5 mg）を溶かした 0.1 mol L^{-1} リン酸緩衝液（5 mL）に取り出した膜を入れる．このとき，グルコースオキシダーゼのアミノ基と膜表面のアルデヒド基が結合する．1 時間後に膜を取り出し，0.1 mol L^{-1} リン酸緩衝液で洗浄する．得られた酵素膜を 0.1 mol L^{-1} リン酸緩衝液中で冷蔵保存する．

酵素電極の作製

酸素電極を酵素膜で覆い酵素電極を作製する（図 A.3）．

　～準備するもの～
・クラーク型酸素電極：1 本
・酵素膜：1 枚
・ストッキング片（4 cm×4 cm）：1 枚
・輪ゴム

酵素膜を1枚取り出し，酸素電極上の酸素透過膜を酵素膜で覆う．このとき，酵素膜と酸素透過膜が密着するようにストッキングのような薄手の布で覆い，

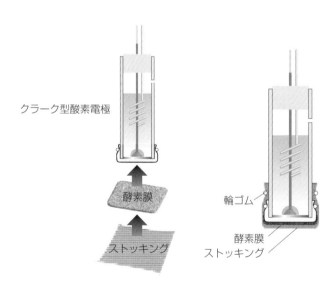

クラーク型酸素電極

酵素膜

ストッキング

輪ゴム

酵素膜
ストッキング

図 A.3　酵素膜被覆の手順とセンサの構成

輪ゴムで固定する．ここまでの操作で，酵素センサが作製できる．

A.4

グルコースの定量

上記で作製した酵素電極を用いて溶液中のグルコースを定量する（図 A.4）．

　～準備するもの～
- ・0.1 mol L^{-1} リン酸緩衝液：50 mL
- ・50 mL ビーカー：1 個
- ・直流電流計（テスター）：1 台
- ・直流電圧計：1 台
- ・可変抵抗器（0～50 kΩ）：1 台
- ・電源（3 V；乾電池でもよい）：1 台
- ・1 mol L^{-1} β-D-グルコース：1 mL　（濃度を正確に調製する）
- ・スターラーバー：1 個
- ・マグネチックスターラー：1 台
- ・マイクロピペット

　作製した酵素電極を用いて水溶液中のグルコースへの応答を調べる．まず，図にならい測定系をセットアップする．ビーカーには 0.1 mol L^{-1} リン酸緩衝液 30～40 mL を入れ，電極部分が十分に溶液に浸るようにする．その際，回転しているマグネチックスターラーに電極が当たらないように注意する．銀電極に対して白金電極の電圧が −0.6 V になるように可変抵抗器を調節すると，数十マイクロアンペアの電流が観察される．このとき酸素透過膜を通って白金電極に拡散した溶存酸素が電気化学的に還元される．

$$O_2 + 2 H_2O + 4 e^- \rightleftharpoons 4 OH^- \tag{A.1}$$

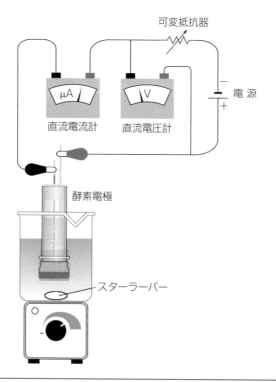

可変抵抗器

μA 直流電流計

V 直流電圧計

電源

酵素電極

スターラーバー

図 A. 4 実験装置の構成

電流が一定になったところで，ビーカーに $1\ mol\ L^{-1}$ グルコース溶液をマイクロピペットで添加する（滴下体積を記録する）．センサが正常に機能していれば，電流値が低下して一定になるはずである（図4.7(b) 参照）．これは，グルコースが酵素膜中のグルコースオキシダーゼによって酸化され，酸素電極上の酸素濃度が減少することによる（式(A.1)）．グルコース溶液の滴下量を増やすと，電流値はさらに低下する．電流値を読み取り，滴下量からグルコース濃度に対する検量線を作成する．

╠══════════════════════════ **文　献** ══════════════════════════╣

1）電気化学会 編：『新しい電気化学』，p. 248，培風館（1984）.

付表 標準酸化還元電位 （vs. SHE）

電極反応	E° /V	電極反応	E° /V
$Li^{+}+e^{-}=Li$	−3.045	$Cu^{+}+e^{-}=Cu$	0.521
$K^{+}+e^{-}=K$	−2.925	$I_3^{-}+2\,e^{-}=3\,I^{-}$	0.5355
$Ba^{2+}+2\,e^{-}=Ba$	−2.90	$H_3AsO_4+2\,H^{+}+2\,e^{-}=H_3AsO_3+H_2O$	0.559
$Ca^{2+}+2\,e^{-}=Ca$	−2.87	$MnO_4^{-}+e^{-}=MnO_4^{2-}$	0.564
$Na^{+}+e^{-}=Na$	−2.714	$I_2+2\,e^{-}=2\,I^{-}$	0.6197
$Mg^{2+}+2\,e^{-}=Mg$	−2.37	$C_6H_4O_2(キノン)+2\,H^{+}+2\,e^{-}=C_6H_4(OH)_2$	0.699
$Al^{3+}+3\,e^{-}=Al$	−1.66	$Fe^{3+}+e^{-}=Fe^{2+}$	0.771
$Mn^{2+}+2\,e^{-}=Mn$	−1.18	$Hg_2^{2+}+2\,e^{-}=2\,Hg$	0.789
$Zn^{2+}+2\,e^{-}=Zn$	−0.763	$Ag^{+}+e^{-}=Ag$	0.799
$Cr^{3+}+3\,e^{-}=Cr$	−0.74	$Hg^{2+}+2\,e^{-}=Hg$	0.854
$2\,CO_2(g)+2\,H^{+}+2\,e^{-}=H_2C_2O_4$	−0.49	$H_2O_2+2\,e^{-}=2\,OH^{-}$	0.88
$Fe^{2+}+2\,e^{-}=Fe$	−0.440	$2\,Hg^{2+}+2\,e^{-}=Hg_2^{2+}$	0.920
$Cr^{3+}+3\,e^{-}=Cr$	−0.41	$NO_3^{-}+3\,H^{+}+2\,e^{-}=HNO_2+H_2O$	0.94
$Cd^{2+}+2\,e^{-}=Cd$	−0.403	$Pd^{2+}+2\,e^{-}=Pd$	0.987
$Ti^{3+}+e^{-}=Ti^{2+}$	−0.37	$VO_2^{+}+2\,H^{+}+e^{-}=VO^{2+}+H_2O$	1.000
$Tl^{+}+e^{-}=Tl$	−0.336	$Br_2+2\,e^{-}=2\,Br^{-}$	1.087
$Co^{2+}+2\,e^{-}=Co$	−0.277	$SeO_4^{2-}+4\,H^{+}+2\,e^{-}=H_2SeO_3+H_2O$	1.15
$V^{3+}+e^{-}=V^{2+}$	−0.255	$2\,IO_3^{-}+12\,H^{+}+10\,e^{-}=I_2+6\,H_2O$	1.20
$Ni^{2+}+2\,e^{-}=Ni$	−0.250	$O_2+4\,H^{+}+4\,e^{-}=2\,H_2O$	1.229
$Sn^{2+}+2\,e^{-}=Sn$	−0.136	$MnO_2+4\,H^{+}+2\,e^{-}=Mn^{2+}+2\,H_2O$	1.23
$Pb^{2+}+2\,e^{-}=Pb$	−0.126	$Tl^{3+}+2\,e^{-}=Tl^{+}$	1.25
$2\,H^{+}+2\,e^{-}=H_2$	0.000	$Cr_2O_7^{2-}+14\,H^{+}+6\,e^{-}=2\,Cr^{3+}+7\,H_2O$	1.33
$S_4O_6^{2-}+2\,e^{-}=2\,S_2O_3^{2-}$	0.08	$Cl_2+2\,e^{-}=2\,Cl^{-}$	1.359
$S+2\,H^{+}+2\,e^{-}=H_2S$	0.141	$MnO_4^{-}+8\,H^{+}+5\,e^{-}=Mn^{2+}+4\,H_2O$	1.51
$Cu^{2+}+e^{-}=Cu^{+}$	0.153	$BrO_3^{-}+6\,H^{+}+5\,e^{-}=(1/2)Br_2+3\,H_2O$	1.52
$Sn^{4+}+2\,e^{-}=Sn^{2+}$	0.154	$Ce^{4+}+e^{-}=Ce^{3+}$	1.61
$SO_4^{2-}+4\,H^{+}+2\,e^{-}=H_2SO_3+H_2O$	0.17	$HClO+H^{+}+e^{-}=(1/2)Cl_2+H_2O$	1.63
$AgCl+e^{-}=Ag+Cl^{-}$	0.222	$MnO_4^{-}+4\,H^{+}+3\,e^{-}=MnO_2+2\,H_2O$	1.695
$Hg_2Cl_2(s)+2\,e^{-}=2\,Hg+2\,Cl^{-}$	0.268	$H_2O_2+2\,H^{+}+2\,e^{-}=2\,H_2O$	1.77
$UO_2^{2+}+4\,H^{+}+2\,e^{-}=U^{4+}+2\,H_2O$	0.334	$Co^{3+}+e^{-}=Co^{2+}$	1.842
$Cu^{2+}+2\,e^{-}=Cu$	0.337	$S_2O_8^{2-}+2\,e^{-}=2\,SO_4^{2-}$	2.01
$VO^{2+}+2\,H^{+}+e^{-}=V^{3+}+H_2O$	0.361	$O_3+2\,H^{+}+2\,e^{-}=O_2+H_2O$	2.07
$H_2SO_3+4\,H^{+}+4\,e^{-}=S+3\,H_2O$	0.45	$F_2+2\,H^{+}+2\,e^{-}=2\,HF$	3.06

g：気体．s：固体．

[G. D. Christian, P. K. Dasgupta, K. A. Schug : "Analytical Chemistry, 7th ed.", Wiley (2013). Table C.5 より抜粋]

索　引

［著者紹介］

矢嶋　摂子（やじま　せつこ）　Chapter 1，Chapter 2
1995 年　東京大学大学院理学系研究科化学専攻博士課程修了
現　在　和歌山大学システム工学部　教授，博士（理学）
専　門　分析化学

長岡　勉（ながおか　つとむ）　Chapter 3〜Chapter 8，付録
1982 年　京都大学大学院理学研究科化学専攻後期博士課程修了
現　在　大阪府立大学　名誉教授，理学博士
専　門　分析化学，電気化学

椎木　弘（しいぎ　ひろし）　Chapter 3〜Chapter 8，付録
2000 年　山口大学大学院理工学研究科物質工学専攻博士課程修了
現　在　大阪府立大学大学院工学研究科　准教授，博士（工学）
専　門　バイオセンサ，計測化学，ナノ材料

分析化学実技シリーズ
応用分析編 2
化学センサ・バイオセンサ
Experts Series for Analytical Chemistry
Application Analysis : Vol.2
Chemical Sensors and Biosensors

2021 年 2 月 25 日 初版 1 刷発行

検印廃止
NDC 433，464.9
ISBN 978-4-320-04460-9

編　集　（公社）日本分析化学会　©2021

発行者　南條光章

発行所　**共立出版株式会社**

〒112-0006
東京都文京区小日向 4-6-19
電話　03-3947-2511（代表）
振替口座 00110-2-57035
www.kyoritsu-pub.co.jp

印　刷　藤原印刷
製　本

一般社団法人
自然科学書協会
会員

Printed in Japan